Aurora

高度1万メートルから見た
オーロラ

國分勝也 著・写真
佐藤夏雄／利根川 豊 監修

東海大学出版会

Aurora
-Aurora Images from the cockpit of a jet airliner

Katsuya KOKUBUN
Tokai University Press, 2012
Printed in Japan
ISBN978-4-486-01838-4

「高度1万メートルから見たオーロラ」発刊によせて

　極地の空に音もなく舞うオーロラは，もっとも神秘的な自然現象の1つであるとともに，太陽から地球への壮大なメッセージです．その複雑な動きや明るさ・色合いには，太陽と地球との相互の関係の謎が秘められています．オーロラが毎晩のように見られる地域はオーロラ帯と呼ばれ，北極域では，アラスカ，カナダ北部，スカンジナビア半島北部，アイスランド，グリーンランド南部などが位置しています．

　國分氏のオーロラ写真は，北極圏の高度11,000mの上空を飛行する航空機から撮影した画像です．私が研究のために長年観測している南極やアイスランドの地表からの画像に比べると，格段に鮮明度が高く，かつ視野の広いオーロラとして撮影されております．さらに，私が見たことのない興味深いオーロラ画像も多数含まれており，正直，驚き感動しました．

　高度11,000m付近を飛行する高高度航空機からのオーロラ観測のもっとも大きな利点は，水蒸気量が全地球量の1％以下であり，ほぼ100％に近い晴天率と高い透明度が保障されることです．ハワイのスバル望遠鏡が標高4,200mの山頂に設置された理由もこのことです．さらに高度が高いことから，仰角がマイナス3度の水平線下までのオーロラ光を観測することが可能になります．地上からの観測では，地平線付近に障害物が多いことにくわえ，厚い大気を通しての観測になるため，科学的に使えるデータの取得はほとんど不可能になります．その他の利点としては，飛行コースがオーロラ帯とほぼ平行している場合，東行きの便では幅広い地方時の活動を短時間で観測でき，逆に西行きの便では，ほぼ一定の地方時の現象を長時間観測することが可能になります（ジェット機の速度と極域の自転速度がほぼ等しいため）．

　國分氏が撮影した期間は1999年9月〜2005年3月までの，太陽活動の極大期を含む，もっともオーロラ活動が活発な期間でした．そのため，太陽活動が高い時に特徴的に出現する，カラフルで活発なオーロラ画像が多く撮影されています．さらに，撮影された画像には正確な時刻とともに位置や方位情報も記録されているため，この写真データを他の衛星や地上観測データとも比較研究することが可能であり，オーロラ研究推進に貴重な資料を提供するものと期待しています．また，この写真には國分氏が独学で調べたオーロラの基礎的な解説もあり，読者にはたいへん役立つと思われます．

2011年12月
国立極地研究所
佐藤夏雄

はじめに

　ボーイング747-400型機へ機種移行し長距離国際線乗務を開始した1999年は，太陽の活動がもっとも活発になる極大期が目前に迫った時期でもある．北米路線のニューヨークやワシントン，欧州路線のロンドン，パリやフランクフルトなど，いずれの飛行航路もオーロラ年間発生頻度のもっとも高いオーロラ帯と呼ばれる地域に近接する空域を飛行するため，毎フライトのように，激しく華麗に舞うオーロラを目の当たりにする幸運に恵まれた．高度11,000mの澄み渡る成層圏から見るオーロラのすばらしさは筆舌に尽くし難く，この神秘に満ちた宇宙空間物理現象の記録が可能であればとの強い思いから，機内における休憩時間（レストタイム）を利用し，時間的，空間的，環境的などのさまざまな制約の中，大型航空機からのオーロラ観測画像取得の可能性を追究した．

　太陽周期23（サイクル23）における太陽活動は、過去の活動パターンと若干異なり，極大期を挟む約3年の間に太陽黒点数のピークが3度出現し，オーロラ観測としてはまれな好条件となった．とくに，2003年10月下旬に太陽面上で発生した巨大フレアーは，太陽観測史上最大級といわれ，世界各地に低緯度オーロラが発生した．

　オーロラ観測に際して，もっとも問題となるのは晴天率と大気の透明度である．機体が上昇を続け高度10,000mを超える頃より，昼間飛行では空の色が明るい青色から若干黒味を帯びた濃青色に変化し，また，夜間飛行においては輝く星の数が急激に増すことで成層圏の大気の透明度を実感することができ，微光のオーロラ観測には最良の環境となる．さらに，飛行コースがオーロラベルトと近接・並行していることにより，夕方のアーク・オーロラから朝方のディフューズ・オーロラまでのオーロラ活動の推移とともに，多様なオーロラの観察も可能となる．

　一方，音速の約80％の高速で飛翔する物体からオーロラ画像を取得するには，技術的に困難な問題が立ちはだかる．まず，画質は気流の安定性を含む飛行状態に大きく左右され，実際に観測データとして使用可能な良質な画像が撮影できる確率は低く，また，機内から偏光ガラスを通した撮影は，地上撮影と比較して約4倍の露出時間を必要とし，すばやい動きのオーロラをシャープに写し撮るためには最大の難関であり，すべて気流の安定性に委ねられる．しかし，種々制約はあるものの，地上観測では得難い希少なオーロラ画像の取得やオーロラ・カーテンの磁力線方向における動態観察など，科学的なオーロラ観測技法の1つとしての可能性を見出せた．

　5年6ヵ月にわたる記録のごく一部であるが，成層圏から見た宇宙空間物理現象としてのオーロラのすばらしさと神秘さを，多少なりとも感じて頂けたらこのうえない喜びである．なお，この本の出版に際し，多大な協力を頂いたクルー，スタッフ，兼本延男プロ写真家，また，監修ならびに資料提供をいただいた国立極地研究所副所長佐藤夏雄博士，同所宮岡宏准教授，さらに，

監修および原稿執筆全般にわたりご指導をいただいた東海大学利根川豊博士，そして遠山誠二教授にはこの場をお借りして厚く御礼申し上げるしだいである．

國分勝也

目次

「高度1万メートルから見たオーロラ」発刊によせて　　iii
はじめに　　v

オーロラの世界に出かける前に　　1

オーロラの不思議Q＆A　　3
オーロラの基礎知識　　5
　オーロラのみなもと　　5
　オーロラの種類　　6
　オーロラ発生領域　　9
　オーロラ・サブストーム　　9
この本の使い方　　15
フライト・ルート　　16

オーロラの世界　　19

1 はっきりとしたオーロラ　Discrete Aurora　　21

アーク状オーロラ
　アークオーロラ　　22
　オーロラカーテンの厚さ　　23
　太陽コロナ　　24
　太陽周期　　25
　太陽エネルギー　　26
　オーロラのレイとカール　　27
　太陽の磁気赤道と太陽風速度　　28
　多重アークオーロラ　　29
　地球磁気圏　　30
　極軌道環境衛星　　31

バンド状オーロラ
　オーロラ光スペクトル　　32
　大気組成とオーロラの発色　　33
　タイプaのオーロラ　　34
　タイプbのオーロラ　　36
　タイプdのオーロラ　　37
　タイプeのオーロラ　　38
　百万分の1秒　　39
　酸素原子の発光機構　　40
　双極子（ダイポール）磁場　　42
　地磁気極　　43
　不変磁気座標　　44
　オーロラまでの距離　　45
　惑星間空間磁場　　46
　極域電離圏対流　　47
　磁気流体発電　　48
　磁気圏・電離圏の電流回路　　49
　オーロラジェット電流　　50
　AE指数　　51
　オーロラ粒子の供給領域（1）　　52
　オーロラ粒子加速機構　　53
　オーロラの高度　　54

磁気天頂	55
西へ旅する大波	56
発達する大波	57
オーロラ・ブレークアップ	58
磁気嵐	60
Kp指数	61
原子	62
電離と励起	63
プラズマ	64
オーロラ・スパイラル	65
レイリー散乱	66
エネルギー準位と遷移	67
オーロラカーテンのひだ	68
電光の蛇	69
レイ	70
赤いカーテン	71
満月下のオーロラ	72
コロナオーロラ	73
強調オーロラ	74
N-Sオーロラ	75
白夜のオーロラ	76
真昼のオーロラ	77

2 ぼんやりとしたオーロラ Diffuse Aurora 79

真夜中すぎのオーロラ	80
ディフューズオーロラ	81
トーチ状オーロラ	82
脈動オーロラ	83
脈動オーロラの高度	84
太陽系惑星のオーロラ	85
5577Å（オングストローム）	86
地球磁気圏探査衛星	87
電流寸断モデル	88
朝方側のディスクリート・オーロラ	89
タイプfのオーロラ	90
共鳴散乱	91
オーロラ粒子の供給領域（2）	92
オーロラと彗星	93
流星とオーロラ	95
不思議な微光	96

3 夜光雲 Noctilucent Clouds 97

オーロラと夜光雲（1）	98
大気重力波	99
夜光雲の発生高度	100
オーロラと夜光雲（2）	101
中間圏観測衛星（AIM）	102
夜光雲連続撮影画像	103

参考書籍・参考文献	105
単位と物理的基本量	106
用語解説	107

オーロラの世界に出かける前に

　天空で舞い踊る荘厳，華麗なオーロラをはじめて目にしたとき，誰もがその神々しいまでの姿に言葉を失うであろう．それほどオーロラは神秘的で，また魅力的な物理現象なのである．ここでは，それらのオーロラの鑑賞に役立つと思われる，オーロラ発生のメカニズムや種類，発生領域，さらにオーロラ・サブストームと呼ばれるオーロラの準規則性など，この本を読み進めるうえで必要な知識を紹介する．

オーロラの不思議Q＆A

Q：オーロラはなぜ光るの？

A：それは，太陽風と呼ばれる太陽から飛来してくる電気を帯びた粒子が，地球磁気圏といわれる地球の磁場の領域に侵入し，いったんプラズマ・シート（オーロラ粒子帯）に滞留した後，磁力線に沿って極域に環状となって降り込み，極域の超高層大気と衝突し発光するもので，一種の放電現象なのです．（5頁参照）

Q：オーロラはどこで見られるの？

A：オーロラが発生する地域は，地磁気極（地磁気を地球中心にある1個の棒磁石にたとえたとき，その棒磁石の軸と地表が交わる地点で，地磁気北極，地磁気南極と呼ばれる）を中心に，半径約2,500kmの環状の領域に発生し，ここをオーロラ帯と呼びます．北半球では，アラスカのフェアバンクス，カナダのイエローナイフ，アイスランド，スカンジナビア半島北部，ロシアの北極海沿岸などの上空で見ることができます．また南極においても北極と同じような地域に北極と良く似た形のオーロラが現われ，北極に出現するオーロラをオーロラ ボレアリス（Aurora Borealis）と呼び，南極のオーロラをオーロラ オーストラリス（Aurora Australis）と呼ぶこともあります．（9頁参照）

Q：オーロラはいつ見られるの？

A：オーロラの発生は，太陽の活動周期（平均11年周期で極大と極小を繰り返す）と密接に関係しており，太陽活動が活発な時期は年間を通して高い頻度で発生しています．しかし，オーロラの光はたいへん弱いため昼間や高緯度地方の白夜の季節は，太陽光に埋もれて見られなくなります．白夜の季節を除きオーロラ帯の近くで晴天であれば，真夜中の前後数時間に見られる可能性は高く，とくに真夜中の少し前（正確には磁気地方時の21時頃）には，オーロラ爆発と呼ばれるオーロラの急激な活動現象に出合うこともあります．（25，59頁参照）

Q：オーロラという名前はどこから来たの？

A：ローマ神話の曙の女神であるアウロラ（Aurora オーロラ，ギリシャ神話ではエオスEos．ともに夜明けの女神で同一視されている）にちなみ，17世紀にガリレオ・ガリレイが命名したという説が有力視されています．当時ガリレオは，オーロラは太陽の光が地球の裏側から漏れだして光るものと考えていたため，このような命名となったのでしょう．

Q：オーロラは七色の虹のように光るの？

A：オーロラの光は，おもに酸素原子と窒素分子，それに窒素分子イオンの発する固有の波長をもった光なので，緑を主体に，赤，青紫色が基本となり，それに窒素分子の発光による赤色（人間の目にはピンク色に見える）がオーロラの裾で見える程度です．しかし，光がひじょうに弱くなると，人間の目には色の識別が困難となり白っぽく見え，また，磁気嵐のときに出現する激しいオーロラの乱舞のような場合には，それらの色が混在し，より多くの色が発光しているように見えることもあります．（8頁, 32頁参照）

Q：オーロラにはどのような種類があるの？

A：オーロラの科学的な観測が進歩する以前は，おもに目視によるオーロラの観測がおこなわれており，見た目の形や広がりかた，色の違いなどにより分類されていましたが，現在では，極地の超高層大気に降り込みオーロラを発生させる荷電粒子（オーロラ粒子とも呼ばれる）のもつ特性の違いにより「はっきりとしたオーロラ」や「ぼんやりとしたオーロラ」，さらに周期的に明るさを変化させる「脈動オーロラ」などに分けられています．（6頁参照）

Q：オーロラの高さはどれくらいあるの？

A：ふつうのオーロラカーテンの裾の高度は，ほぼ100kmで，上限はオーロラの活動の強さにより大きく変動し，500kmから，ときには1,000kmを超えることもあります．また「ぼんやりとしたオーロラ」の下限高度は120km付近にあり，さらに周期的に明るさを変化させる「脈動オーロラ」は80～120km付近に出現します．オーロラの高度は，オーロラを発生させる降り込み粒子（オーロラ粒子）のもつエネルギーの強度により決定され，エネルギーが強いほど，より低空まで降下することができるのです．

オーロラの基礎知識

　オーロラの写真を眺めたり，また，直接オーロラに接したとき，オーロラの基礎的な知識を多少なりとも理解していたら，それは単なるオーロラの動態や色彩的な美しさのみならず，オーロラの生成機構をはじめ，太陽や地球磁気圏との関係，オーロラ帯の発生機構，太陽と地球の磁場が与える影響，また人工衛星や人類の生活にさまざまな影響をおよぼす磁気嵐と低緯度オーロラとの関係など，オーロラは宇宙空間における物理現象のごく一部であるとともに，地球上でもっとも神秘的でダイナミックな自然現象であることに気がつくであろう．ここではオーロラの理解に役立つ基礎的な知識を紹介する．

オーロラのみなもと

　オーロラの起源をさかのぼると，それは太陽にたどりつく．すなわち，オーロラを発生させる粒子（オーロラ粒子）の源は，太陽から放射された太陽風なのである．太陽風はおもに電子（マイナスの電荷をもった粒子）と陽子（プラスの電荷をもった粒子）から成る微粒子の流れで，秒速300〜800kmもの超高速で宇宙空間に噴出しているプラズマ（原子が電子と陽子などに分離した状態）である．地球に降り注ぐ太陽風は，地球を取り囲む磁気圏と呼ばれる地球磁場の領域に達すると，その磁気圏の太陽側を圧縮し，また反太陽側を彗星の尾のようにたなびかせる．プラズマのごく一部は，境界層（マグネトシース）内に侵入できるが，大部分は磁気圏の境界面に沿うように磁気圏後方に流される．しかし，ある条件が満たされると太陽風プラズマは磁気圏境界面から磁気圏内部に侵入し，磁気中性面を挟むように形成するプラズマ・シート（オーロラ粒子帯）と呼ばれる領域に一時滞留する．その後，磁力線沿いに極域に流れ込み，地球の超高層大気と衝突し発光現象を引き起こす．これがオーロラの光である．いいかえると，オーロラは目に見える太陽活動現象なのである．

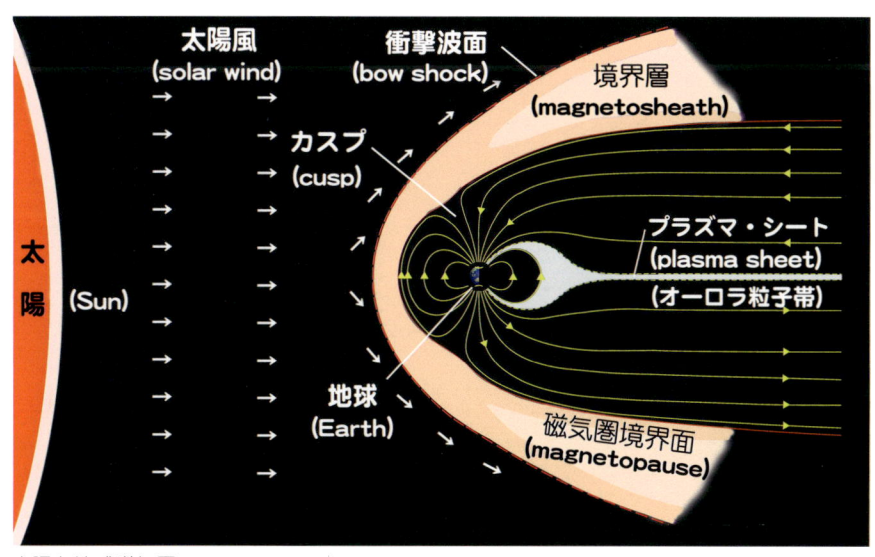

太陽と地球磁気圏．

オーロラの種類

　ノルウェーの科学者カール・ステルマー（Carl Störmer）は，1930年にオーロラの種類を科学的に分類した最初の人物であるが，その後，オーロラ研究が盛んになるにつれて新たな分類法が必要とされ，1963年「国際オーロラ・アトラス」が「国際地球電磁気学・超高層大気物理学協会」から発表された．それは形状，空間的広がり，内部構造，時間変化，明るさ，色についての分類で，目視によるオーロラの特徴を表現する場合にひじょうに役立つものであった．しかし，近年，人工衛星，光学機器，レーダーやロケットなどによる観測技術の進歩により，極地に降り込む粒子（オーロラ粒子）のスペクトルの特徴の違いから，専門家の間では「はっきりとしたオーロラ」（離散型オーロラ），「ぼんやりとしたオーロラ」（拡散型オーロラ）そして「脈動するオーロラ」（脈動型オーロラ）に分類する方法が一般的となっている．

形状による分類

　目視によるオーロラの形状は，同じオーロラを見た場合でも観測者とオーロラとの相対的な位置（距離）により異なって見える．それは，オーロラ粒子が地球の磁力線に沿って薄いシート状となり高層大気に突入するためオーロラカーテンの厚みは薄く，遠く離れた位置から見た場合アーク状に見えるオーロラも，近づくにしたがいバンド状となり，真上に差しかかるとコロナ状として見えるのである．

帯状 band-like	弧 arc	一般に東西に弧状にのび，はっきりとした下辺をもつ．	
	帯 band	帯状をしており，帯の一部がU字型やJ字型，渦巻状に折れ曲がる場合が多い．	
薄く広がった diffuse	斑点 patch	斑点状のぼんやりしたオーロラで斑点の大きさは視野で10度くらいが多い．	
	ベール veil	空のかなりの部分が，いちようにベール状に光る場合．	
線状 ray	線 ray	磁力線方向の光の筋．1本の場合と何本かの光の筋の束から成る場合がある．	

空間的広がりによる分類

３次元的な広がり方による分類で，オーロラの数や不連続性，また特異な見え方などに区別されている．

多重 multiple	アークやバンド，パッチなどが２つ以上同時に出現する場合をあらわす．
破片状 fragmentary	アークやバンドがオーロラのブレークアップののち，切れ切れになった場合．
冠(コロナ)状 coronal	オーロラの磁力線方向に位置したとき，一点を中心に扇状または冠状に輝いて見える場合．

時間変化のようすによる分類

オーロラの内部構造や時間的な変動による分類．

静穏な quiet		形や位置がひじょうにゆっくりと変化する場合．
活動的な active		形や位置が激しく変化する場合．
脈打つ pulsing	点滅する pulsating	明るさが数秒〜数十秒の周期で変化する場合．
	炎のような framing	明るい部分が炎のように磁力線の上方に向かって急速に広がる場合．
	ちらつく flickering	早い繰り返し周期で明るさがちかちか変化する場合．
	流れるような streaming	バンドまたはアーチに沿って明るい部分が流れるように移動する場合．

明るさによる分類

オーロラの緑色の光（酸素原子の放つ光でオーロラの代表光）である波長 557.7nm（5577Å：オングストローム）の輝度を基準とした，ＩＢＣ（international brightness coefficient：国際地球観測年に目視観測の参考として決定した明るさの国際的な基準）係数を自然現象と対比させ，４段階（Ⅰ〜Ⅳ）に分類したもの．

IBC階級	5577Åの輝度	エネルギー erg/cm²/sec	自然現象との対比
I	1kR	3	天の川の明るさ.
II	10kR	30	月に照らされた薄い巻雲の明るさ.
III	100kR	300	月に照らされた積雲の明るさ.
IV	1,000kR	3,000	満月下の明るさ.

＊R(レイリー)：光量の単位. 1Rは1cm²当たり, 毎秒百万個の光子が入射する明るさ.

色による分類

原子や分子の放つ色の違いによりa～fまでの6種類に分類されているが, 輝度の強弱により, 目視においては多少異なった色彩に見えることもある.

分類	色の構造	備考	
a	上部が赤	上部がわずかに赤く染まる緑色のオーロラ. タイプAとも呼ばれる.	
b	下辺が赤	タイプBのオーロラとも呼ばれ, 下辺の高さは80～150km.	
c	緑または白	明るさがIBC I以下の場合は白く見える.	
d	全体が赤	発光高度は250kmと高い.	
e	赤と緑	タイプbのオーロラと似て, 線状構造がアークに沿って激しく動くときに見られる.	
f	青または紫	上部が太陽に照らされたときによく見られる.	

現在, オーロラ研究者の間におけるオーロラの分類は, 前述したように科学的な成因の違いから「はっきりとしたオーロラ discrete aurora」と「ぼんやりとしたオーロラ diffuse aurora」そして, ぼんやりとしたオーロラの中には周期的に明滅する「脈動オーロラ pulsating aurora」を含み, おもに3種類に大別されている. どのような条件のもとでどのようなオーロラが出現するか, その発生機構の解明はかなり進歩しているが, まだ謎の部分も多く, その謎解明に世界中の科学者が日夜研究に励んでいる.

オーロラの発生領域

　オーロラ粒子は電気を帯びた粒子であるため，その動きは当然ながら地球の磁場に支配され，磁力線に沿って極域の超高層大気に流入する．したがってオーロラの発生領域は，地理上の極ではなく，地磁気極が中心となり，磁気緯度67度付近に環状に発生する．その地域をオーロラ帯（auroral zone）と呼んでいる．

　極域観測衛星が打ち上げられる以前の時代には，1ヵ所の観測地から観測可能な範囲はせいぜい500 km程度で，そのような観測のもとでは，オーロラはオーロラ帯に輝くものと思われていた．1960年代，旧ソ連のフェルドシュタイン（Y. I. Feldstein）とアラスカ大学の赤祖父俊一が，国際地球観測年（1957～58年）に得られた膨大なオーロラ全天カメラ画像を解析し，地球規模のオーロラ出現領域を発表した．その中で，出現頻度75％以上の領域をオーロラ・オーバルと名づけ，オーバルの中心は地磁気極より3度ほど真夜中側にずれていることも発見した．

　オーロラ・オーバルの基準となる地磁気極（地球の中心に棒磁石を置いたと仮定したとき，その中心が地表と交わる地点）の位置は，地理上の北極から日本とは反対方向へ約10度ほどずれている．そのため，北海道はニューヨークより若干高緯度に位置しているにもかかわらず，年間オーロラ出現日数は，ニューヨークの10日に対し，北海道では10年に1日の確率となる．しかし，この数値はあくまで平均的なもので，太陽活動が活発なときには北海道でも年に数回ということもある．北海道で見られるオーロラは，北部シベリヤ上空で発生したオーロラカーテンの上部を見ることになり，北の空が薄赤く染まる程度で，オーロラらしい姿をしたカーテン下部は水平線下となり見ることはできない．

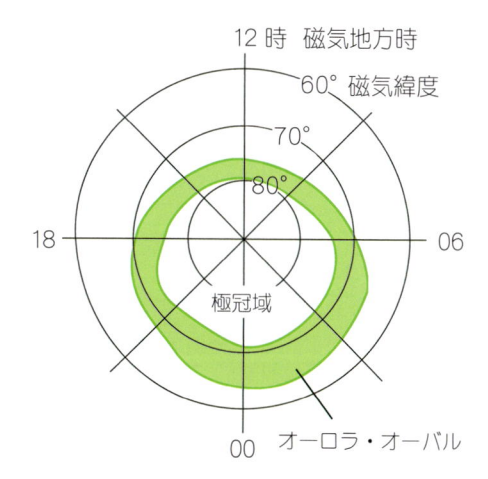

オーロラ・オーバル．オーロラが最も良く出現する場所は地磁気緯度で65～75度の磁極を取り囲む帯状の領域であり，この領域をオーロラ・オーバルと呼ぶ．オーバルの中心は3度ほど真夜中側にずれており，環の内側の領域を極冠域という．

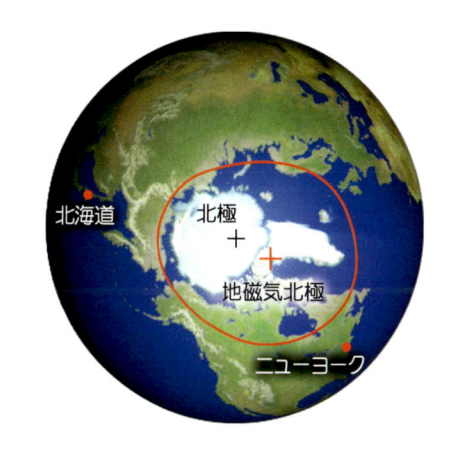

オーロラ出現確率が年間100日の地点を結んだ線．この線より低緯度（外側）や高緯度（内側）に離れるにしたがい年間出現確率は低下する．

オーロラ・サブストーム　auroral substorm

　一晩におけるオーロラの活動を注視すると，活動の開始から終息するまでの間，1～3時間のスケールで，ある種の規則性が認められる．始め静かな動きを見せていたオーロラ活動が，磁気地方時の21時付近で突然，爆発（オーロラ・ブレークアップ：オーロラ爆発現象と呼ばれる）したように急激な発達を見せ，そしてゆっくりと元の帯状のオーロラに回復する．このオーロラ・ブレークアップに続くオーロラの一連

の消長をオーロラ・サブストームと呼んでいる．オーロラ・サブストームは，磁気圏サブストームと呼ばれる太陽風と地球磁気圏の相互作用により蓄えられたエネルギーの解放現象の中の1つの現象として発生するものである．ここでは，オーロラ・サブストームの主因である磁気圏サブストームを，4つの相（静穏相，成長相，拡大相，回復相）に分け，各相ごとの地球磁気圏の状態と，それに対応するオーロラの形態別分布や動態などについて述べる．

静穏相 quiet phase

磁気圏が安定している状態で，磁気圏に流入したエネルギー量と，磁気圏と電離圏で消費されるエネルギー量とが均衡している場合．これは惑星間空間磁場（太陽風が運ぶ太陽の磁場）が北向きの場合，磁気圏前面で地球磁場と惑星間空間磁場が同方向となり，互いの磁力線は結合せず，太陽風の粒子が磁気圏内に侵入しにくくなるためである．磁気圏尾部の磁力線の方向は磁気中性面を境に，北側は地球方向へ，また南側は地球から遠ざかる方向へ流れる．

このような状態におけるオーロラは，静かで，淡いアークオーロラやバンドオーロラが真夜中の磁気緯度70度付近のオーロラ・オーバルにそって現れ，ゆっくりと低緯度に移動していくのが見られる程度である．磁気緯度70度以南にはプロトン・オーロラ（高速の陽子と中性大気との衝突による発光現象）領域が存在するが，輝度は数百レイリーと天の川より暗く，目視による観測は困難である．

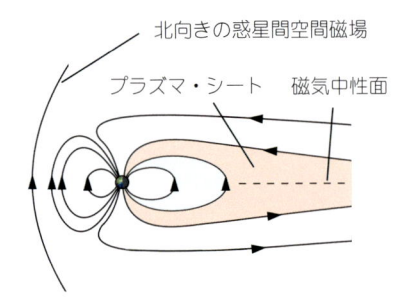

成長相 growth phase

惑星間空間磁場の向きが南向きになると，惑星間空間磁場の磁力線と地球磁場の磁力線が地球磁気圏前面で結合し，磁気圏後方へと移動していく．磁力線の結合は，太陽風プラズマの磁気圏への流入を容易にし，磁気圏ローブ（プラズマ・シートを上下から取り巻く低温プラズマの領域）の磁束密度（運動中の荷電粒子が磁場の中で受ける力の量）を増大させ，プラズマ・シート（磁気中性面に存在する高温プラズマの領域で，オーロラ粒子帯とも呼ばれる）

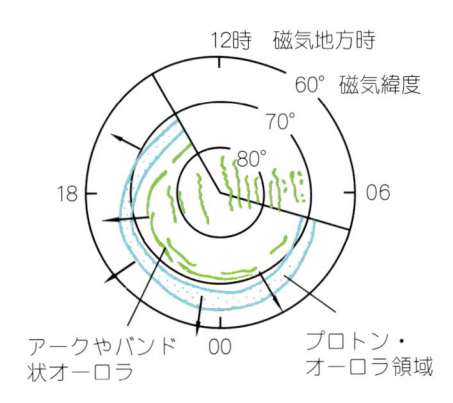

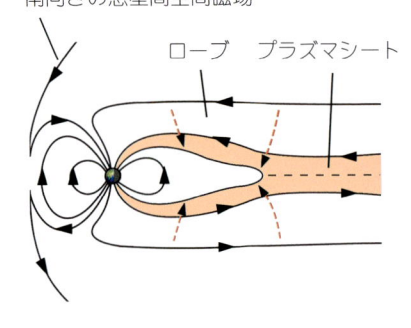

内のプラズマ圧と磁気圏ローブの磁気圧の均衡が崩れる．その結果，プラズマ・シートの厚みは薄くなりはじめ，プラズマ・シートの地球側境界の位置は地球に近づき，オーロラ・オーバルは低緯度側へ移動する．ただし，ここでは高温プラズマの爆発的な増加はなく比較的穏やかな粒子群の流入のみである．

成長相の初期に，極冠域（オーロラの環に囲まれた領域．9頁参照）内に磁気子午線の真夜中と太陽を結ぶ線に並行に出現する極冠オーロラが見られることがある．後期には，オーロラ・オーバルに沿うオーロラ粒子の降下量増加に伴い，アークオーロラやバンドオーロラの輝度上昇がみられ，またプロトン・オーロラの領域も秒速100～300mほどの速度で低緯度側へと移動していく．惑星間空間磁場の方向は，つねに変化しており，成長相のはじまりがいつであるか，また持続時間についても研究者の間で数十分～2時間程度の隔たりがあり，結論を得ない．しかし，ブレークアップの開始する約1～2時間前からブレークアップ開始までの間であることは共通している．

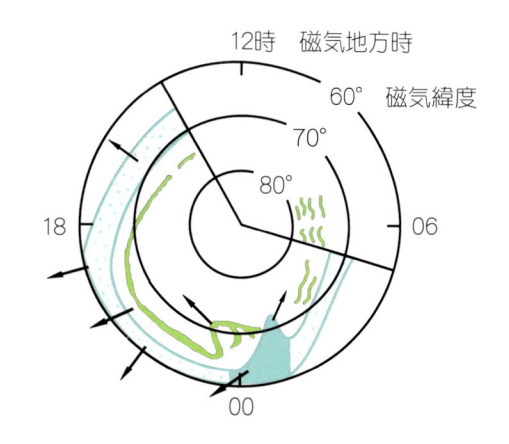

成長相におけるアークオーロラ／バンドオーロラ（緑）とプロトン・オーロラ（青）の移動のようす．
（Fukunishi, 1975の図を改変）

拡大相 expantion phase

拡大相の開始は「オンセット」と呼ばれ，磁気圏尾部における磁気リコネクション（再結合）の開始を意味する．磁気リコネクションとは，地球から，地球半径の20倍前後（約13万km）離れた磁気圏尾部で発生する磁力線のつなぎかえ現象のことで，その結果，高いエネルギーに加速された粒子の一部が極域超高層大気に降下し，オーロラ・ブレークアップ現象を引き起こす原因とされる．

成長相では，磁気圏への太陽風エネルギーの供給量が増加し，磁気圏ローブの磁束密度が増大した結果，プラズマ・シートが圧縮されたが，拡大相においては，さらにプラズマ・シートの圧縮が進行し，磁気圏尾部の反平行型磁場がプラズマ・シートで支えられなくなり，南北の磁力線がつながる磁力線の「再結合」が起こる．

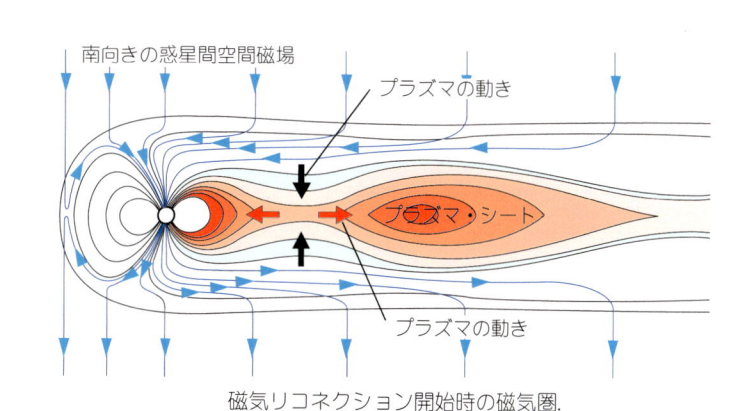

磁気リコネクション開始時の磁気圏．

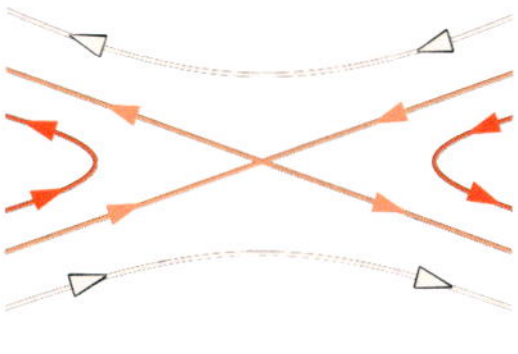

磁気リコネクションの開始．磁気中性面を境に反平行であった南北の磁力線が，つなぎかえを起こす．

太陽風の影響で引き伸ばされていた南北の磁力線が結合し短い磁力線になると，より短く変化しようとする磁力線の性質により地球側とその反対側に分かれ高速で移動をはじめる．結ばれた磁力線内部のプラズマは，高いエネルギー状態に加速を受けたあと，地球向きに移動する高エネルギー粒子の一部は，極域超高層大気へ流入しオーロラ・ブレークアップ現象を引き起こす．一方，尾部後方に移動した，より大きなプラズマ塊は，秒速数百kmの高速で磁気圏後方へ移動したあと，宇宙空間へ放出される．このようにして過剰となった磁気圏のエネルギーの解放がおこなわれ，磁気圏内のエネルギーバランスが保たれる．この磁気圏尾部後方の巨大なプラズマ塊を「プラズモイド」という．

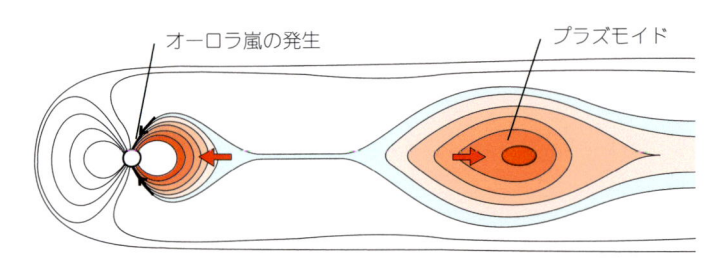

磁気リコネクション後の磁気圏．プラズマ塊（プラズモイド）は，地球側と磁気圏尾部側に分離し，地球側のプラズマ塊の一部は極域へ流れ込みオーロラ嵐を発生させる．

磁気リコネクション後の磁力線の動き

　拡大相におけるオーロラの変化でもっとも劇的なものは，オーロラ・ブレークアップであろう．拡大相開始時に，磁気地方時21時付近の狭い領域内のディスクリートオーロラが，急激に明るさを増し，その領域が爆発したように一気に拡大し，オーロラ・アークの北側の端は，極方向へ移動し，爆発領域（オーロラバルジ）は東と西へ広がる．西側の前面では大きなスパイラルを巻きながら西へ高速で移動する「西へ旅する大波」が現れる．

　プロトン・オーロラも同様に，ブレークアップ現象を起こすが，夕方側では電子によるオーロラに押され，赤道側に広がる傾向にある．拡大相の終了は，オーロラの高緯度への拡大が停止するときであり，この間の継続時間は平均30分〜1時間程度で，オーロラ・サブストームの規模により幅がある．近年の観測で，オーロラ嵐を引き起こすオーロラ粒子は，磁気リコネクションの発生領域より約6万km地球側に寄った領域で発生したものともいわれ，また，拡大期の開始（オンセット）より数分前に磁気リコネクションの開始事例も見つかり，磁気再結合とオンセットとの相関関係の解明が今後の課題である．

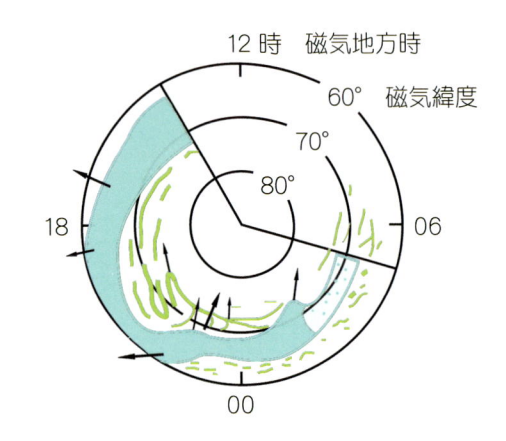

拡大相におけるオーロラ形態別分布．アークオーロラ／バンドオーロラ（緑）は，北と西へ拡大し，プロトン・オーロラ（青）は低緯度方向へ広がる．
(Fukunishi, 1975の図を改変)

回復相　recovery phase

　プラズマ・シートからのエネルギー放出が止まり，元の基底状態へと回復していく段階．惑星間空間磁場の向きが南から北へ戻ると，磁気圏前面の磁場再結合が起こりにくくなり，太陽風エネルギーの磁気圏への流入が急激に減少し，磁気圏尾部の磁気再結合も解け，薄くなっていたプラズマ・シートの厚みはしだいに元の厚さへと戻る．この回復期の継続時間は30分〜2時間ほどであるが，回復期の途中に太陽風によるエネルギー供給が再度高まると新たなサブストームの発生が起ることもある．

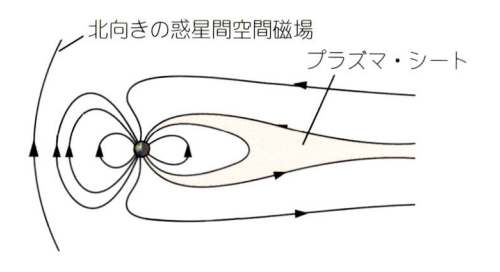

回復相の磁気圏．磁場の再結合が解かれ，元の基底状態に回復していく．

　極域に拡がりをみせたオーロラ領域は，しだいに低緯度側へ移動し，低緯度方向へ拡大していたオーロラ領域も通常の位置に戻るが，とり残された一部のバンドオーロラが磁気緯度75〜80度付近に見られる．西への大波も衰退し，磁気地方時の真夜中をすぎた朝方側にはプロトン・オーロラの中に，パッチ状に分解した脈動オーロラが明滅を繰り返しながら滞留する．夕方側に拡がっていたプロトン・オーロラはしだいに収縮し，基底状態の位置へと移動していく．

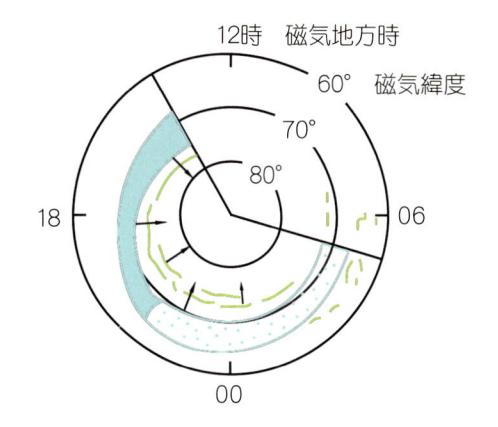

回復相におけるオーロラ形態別分布．拡大期で南北に拡大したオーロラは，通常のオーバルの位置へと収縮していく．（Fukunishi, 1975の図を改変）

　以上，オーロラの発生機構や種類，発生領域，さらに磁気圏サブストームに伴うオーロラ・サブストームの概要など，オーロラ鑑賞の予備知識について概略を述べたが，これら基礎的な知識は，オーロラをより身近に，また，より魅力的なものとして印象づけることであろう．

この本の使い方

　この本の構成は，夕方から明け方にかけて見られるオーロラの画像を，ほぼ時系列的に，また目視による種類別に紹介し，あわせてオーロラに関連する事象・現象などの解説を併記している．さらに，オーロラ発生高度のやや下層領域の中間圏と呼ばれる高度約85km付近に発生する特殊な雲「夜光雲」についても記載した．

オーロラ写真の見方

主画像：35mm版スライド原版の左右をトリミング．色調補正は，極度のコントラスト不足の場合のみ最小限の調整を行い，カラーバランスは無調整．

撮影日時（UT：世界時．アラスカの時差はUT−9時間／夏時間はUT−10時間），撮影位置周辺の都市名，飛行高度，オーロラの種類など．

解説：掲載写真またはオーロラに関連する現象・事象の解説，天文現象やその他の項目も含む．文中の難解な単位・用語については巻末の「単位」，「用語解説」(106〜109頁) を参照．

補助画像

使用機材・撮影データ：カメラ，レンズ，絞り／露出時間，フィルム名，増感現像の有無．

北半球図中のマーク(▽)は，撮影位置，撮影方向，画角(35mmレンズで水平方向54度)を表示．

解説付帯図版および補助説明など．

補助画像の見方

35mm原版フルサイズ．撮影位置とオーロラの相対的な位置関係の参考として，星座線，星座名，主要な星名，地理上の方位，オーロラ名などを記載．

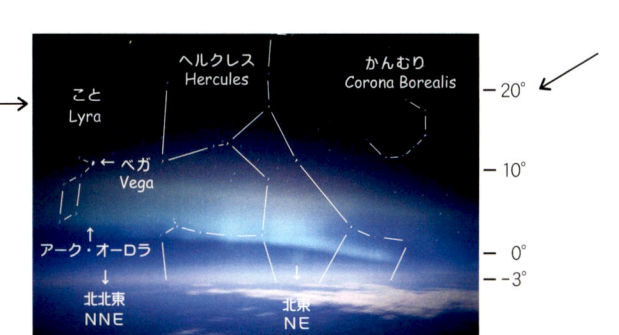

仰角（飛行高度における水平からの角度）．高度11,000mにおいては地平線の位置が約マイナス3度となる．

フライトルート
① 北米路線

　日本を正午前に離陸した機体は，一路アンカレッジ上空へ向け北太平洋航空路を北東進する．東経180度の日付変更線を通過するころ日没をむかえ，地球の影が東の空をゆっくりと上昇し，まもなく辺りは夕闇に包まれる．離陸から約5時間後，アラスカ本土西端ヌニバク島に近づくにつれ北天低空にアーク状オーロラがかすかに見えはじめ，やがてアンカレッジ，フェアバンクスを通過するころオーロラカーテンを目の当りにすることができる．オーロラの活動が活発な日にはアラスカ・カナダ国境を越えて間もなく，オーロラが頭上を覆い，あたかもオーロラに包まれたような感覚に陥り，さらに東の空から巨大な蛇行が西へ駆け抜ける「西へ旅する大波」に出会うこともある．イエローナイフ上空付近では，オーロラがいっきに爆発したように発達するオーロラ・ブレークアップ現象に遭遇したあと，激しいオーロラ嵐は終息に向かうが，幸運な日には，日の出までの間にさらに活動が繰り返されることもある．航空路「NCA 19」のやや南を並行する航空路「NCA20」を飛行した場合においても，ほぼ同様な経過をたどる．

② 欧州路線

　欧州路線のオーロラ鑑賞は，就航時間の関係から帰路で可能となる．ロンドン，パリ，フランクフルトの各空港を現地のほぼ日没時刻に離陸，進路を北東に向け1時間30分ほど飛行し，バルト海上空にさしかかるころ，北天の水平線上にアーク状のオーロラが見えはじめる．その後，もっともオーロラベルトに近く，ロシア最北ルートの航空路「A333」を飛行した場合，航空路とオーロラ間は若干隔たるが，時間の経過とともにオーロラが南下し，ヘルシンキ近郊上空より優雅な舞を楽しむことができる．しかし，オーロラベルトが航空路直上にかかるほど活発な日はまれで，北米ルートに比較すると若干見劣りがする．一方，ロシア中央部を横断する航空路「R30」においては，オーロラベルトの位置が北方へ約1,000kmも隔たり，オーロラ活動が並以下のときのカーテンの位置はひじょうに低空となり，オーロラらしい姿が見られる確率は低下する．欧州路線の帰路は飛行ルートがほぼ2コースに限定され，ルート選定によりオーロラの見映えは大きく左右される．

オーロラの世界

オーロラの概要が理解できたところで，いよいよオーロラの世界に入る．オーロラは風に吹かれるカーテンのごとく激しく天空を舞い，瞬時として同じ姿を見せることのない変幻自在な存在である．また，その姿もはっきりとしたものやぼんやりとしたもの，さらには全天を覆うベール状のものなど多彩であるが，ここでは実際のオーロラ観賞のように，夕方から明け方にかけて見られるオーロラを，ほぼ時系列的に構成し，その中に特殊なオーロラなどを含めた

Discrete Aurora
1. はっきりとしたオーロラ

オーロラの形が見た目にはっきりとしており，明るく，さらに形態の変化がすばやく，ふつう目にすることの多いオーロラは，すべてこの種類に属する．夕方から真夜中にかけて見られることが多く，アーク状，バンド状，コロナ状のオーロラなどがある．

2001年3月23日 07:13 UT N59.5/W166.9 37,000′ アラスカ ヌニバク島付近, 高度11,300m　アークオーロラ

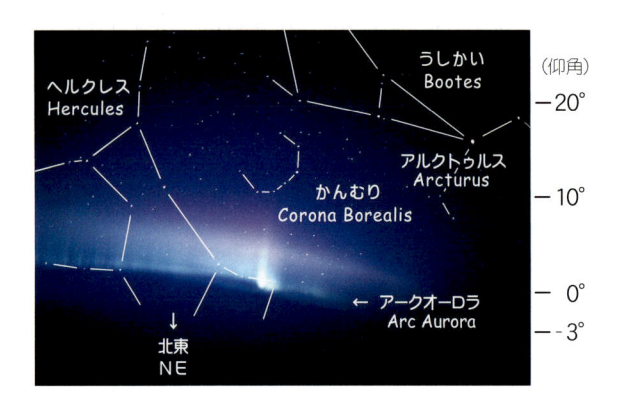

Minolta α-7
Minolta 35mm/F1.4
F1.4 20s
Provia 400F RHP Ⅲ
Push to +1

アークオーロラ　auroral arc

　アークオーロラは，日暮れとともに北天低空に見られるオーロラで，見た目は弧や弓の形に見えることからアークオーロラと呼ばれる．オーロラ・オーバル（オーロラの環）は，地磁気極を中心に環状となって極域に出現するため，オーバルから離れて観測した場合，観測地に近いカーテン下辺への仰角（水平面との成す角）は高く，また，両端にいくほどじょじょに低くなり，全体として弧状に見える．また，アークオーロラは昼間側にも出現しているが，太陽光に埋もれ見ることができない．日没後の闇の進行とともに最初に目にすることができるオーロラである．写真は，超高層大気に差し込む太陽光の残照の影響で全体が青紫色に強調されたアークオーロラ．

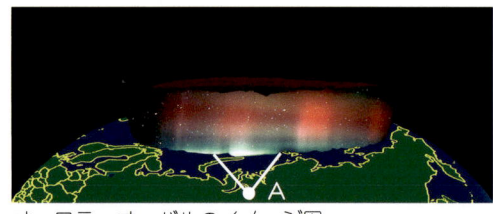

オーロラ・オーバルのイメージ図．

上図の観測点Aから見たアークオーロラの見え方．

22　はっきりとしたオーロラ

2003年10月18日 06:48 UT N58.1/W170.0 35,000′ アラスカ ヌニバク島付近,高度10,700m アークオーロラ

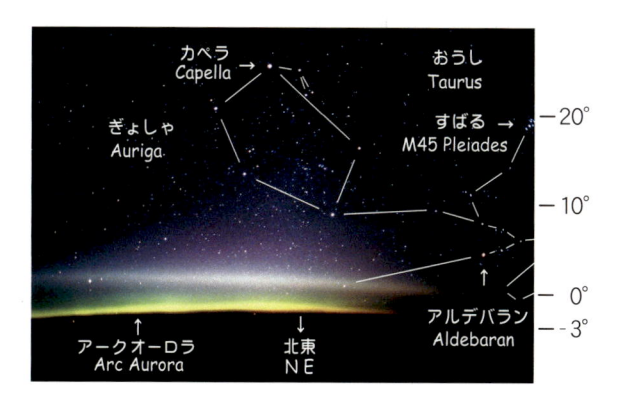

Minolta α-7
Minolta 35mm/F1.4
F1.4 20s
Provia 400F RHP Ⅲ
Push to +1

オーロラカーテンの厚さ

　オーロラを発光させるオーロラ粒子は,磁気圏のプラズマシート(磁気圏の磁気中性面を挟む形でオーロラ粒子が滞留する領域.5頁参照)から,ある限られた範囲の地球の磁力線に沿って,シート状(オーロラ電流層と呼ばれる薄い板状)となり,極域の超高層大気に突入してくる.そのため,オーロラカーテンの厚さも500m〜1kmと,いがいに薄いものである.この電子の流れは地磁気極を中心に半径約2,500kmの環状となり極域に降り注ぐ.したがって,地磁気極に近づきすぎてもオーロラの見られる確率は低くなる.オーロラ・オーバルの大きさは太陽活動の程度により変動し,磁気嵐が発生するような活発なときにはオーバルの半径が3,000kmを超えることもある.

2001.3.23 09:20 UT N627/W131.7 37,000′
オーロラカーテンを真上や真横に見たとき,カーテンの薄さを実感することができる.

アーク状オーロラ　23

2003年3月15日 07:31 UT N59.8/W161.9 37,000' アラスカ アポタク付近，高度11,300m アークオーロラ

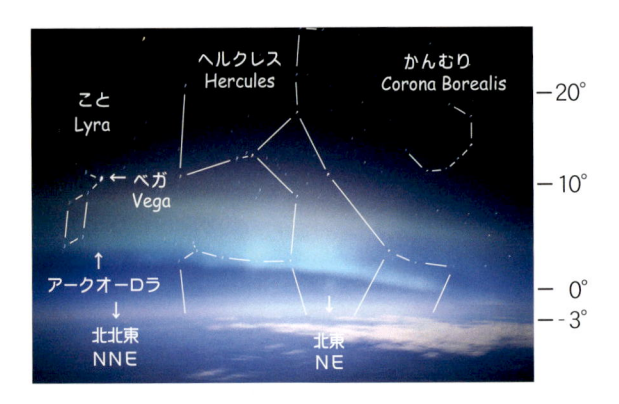

Minolta α-7
Minolta 35mm/F1.4
F1.4 20s
Provia 400F RHP III
Push to +1

太陽コロナ　solar corona

　太陽コロナは，皆既日食の際に月が太陽の光球を隠すと，その外側に放射状に広がる白い筋状の光として見ることができる．コロナのおもな組成は水素ガスで，陽子と電子に分離したプラズマが絶対温度（絶対温度＝摂氏温度＋273.16度）で約100万度の高温に熱せられ，その一部は太陽風プラズマとして広く宇宙空間に放出されている．密度はひじょうに薄く地球近傍で1 cm^3 あたり，わずか10個程度である．コロナ・ホールや太陽面フレアー領域からの放射はとくに強く，地球がこの強い太陽風にさらされたとき，磁気嵐やオーロラ嵐が発生し，低緯度でもオーロラが見られるようになる．

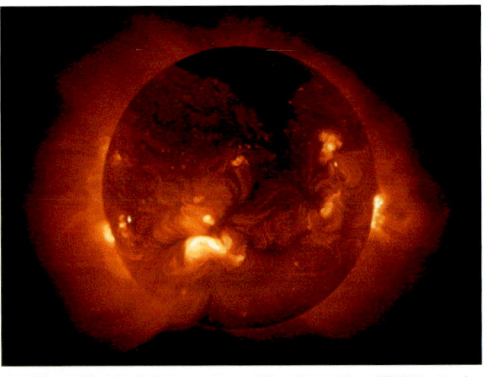

太陽観測衛星「ようこう」が，軟X線で撮影した太陽コロナ．明るい部分のフレアー域と高緯度の黒い部分（コロナ・ホール）から高速太陽風が放射される．
（提供：JAXA 宇宙科学研究本部）

24　はっきりとしたオーロラ

2003年4月24日 20:31 UT N58.8/E027.2 33,100′ エストニア ムストベ付近、高度10,000 m　アークオーロラ

Minolta α-7
Minolta 35mm/F1.4
F1.4 20s
Provia 400F RHPⅢ
Push to +1

太陽周期　solar cycle

　太陽活動は，平均して11年周期で活動の強弱（極大期と極小期と呼ばれる）を繰り返し，2012年6月現在の太陽黒点月平均値は65．今周期（サイクル24）の太陽活動は弱い傾向にあり，極大予報は2013年春の月平均値60．これは過去100年間におけるもっとも少ない値である．オーロラは太陽活動と密接な関係をもち，とくに太陽フレアーやコロナ・ホールから大量に噴出するプラズマ流が大きく影響する．爆発的なオーロラは極大期に多く発生するが，コロナ・ホールがもっとも発達する時期は極大期の1～2年後で，その頃オーロラの発生率がピークを迎える．また，太陽面巨大フレアーは極大期をすぎた下降期に発生することが多い．太陽活動周期には11年周期の他，22, 87, 210, 2300年周期などの説もある．

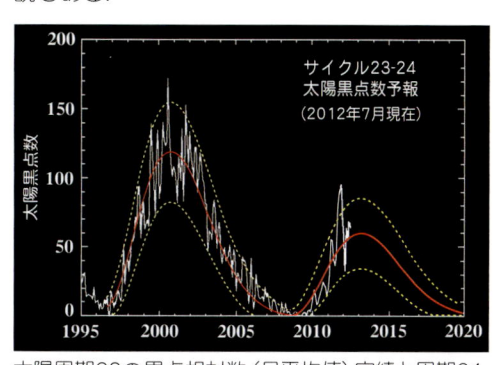

太陽周期23の黒点相対数（月平均値）実績と周期24の予報値．黄色破線は予想最大値と最小値，赤線は平均値．（Credit：NASA, Marshall Space Flight Center）

アーク状オーロラ　25

2000年11月24日 08:18 UT N62.2/W148.5 37,000' アラスカ タルキートナ付近，高度11,300m アークオーロラ

Minolta α-7
Minolta 35mm/F1.4
F1.4 15s
Provia 400F RHP III
Push to +1

太陽エネルギー solar energy

　太陽は，約45億年前の誕生以来，核融合反応により現在でも毎秒500万トンほどのエネルギーを放出し，さらに，今後100億年ほど放出を続けるといわれている．星が核融合反応を起こし，エネルギーを放出し続けるためには，重力により収縮してその中心部に超高圧と超高温が必要で，それには質量が重要な要素となる．たとえば，木星は太陽系内の最大の惑星であるが，質量は太陽の約千分の1で，核融合反応を誘発させるためには，現在の約80倍の質量が必要であった．つまり，木星は太陽になりそこねた惑星なのである．

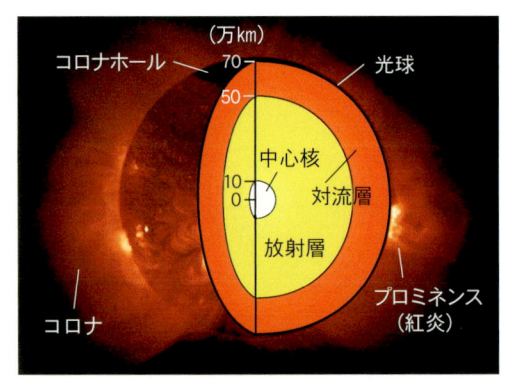

太陽の内部構造．中心に核融合反応を起こしている中心核（2,500気圧，約1,600万℃）があり，その外側に中心核の熱エネルギーを，きわめて長い年月をかけて放射（輻射）により運ぶ放射層がある．さらに，その外側には対流により熱を外層に伝える対流層があり，中心核の熱エネルギーが光球面に伝わるまでには数百万年の長い年月を要する．

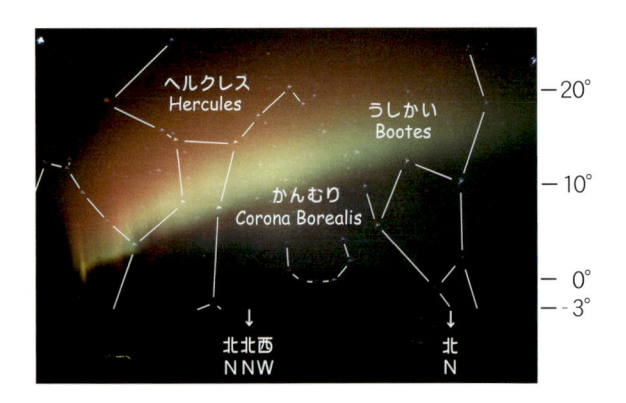

26　はっきりとしたオーロラ

2001年9月3日 08:13 UT　N61.3/W146.0　37,000′　アラスカ　バルディーズ付近，高度 11,300m　アークオーロラ

Minolta α-7
Minolta 35mm/F1.4
F1.4 20s
Provia 400F RHP III
Push to +1

オーロラのレイとカール　auroral ray and curl

　極地に降り込むオーロラ粒子（おもに電子）が，アークの一部分に集中すると，アークは巻き込み運動を開始し，「レイ」と呼ばれる細い光の束を作る．電子の集中した部分が内側を向いた電場（電磁気的な力）の中心となり，周囲の部分を巻き込み渦を作る．レイを真下から見た場合，直径が2〜10kmのものを「カール」という．ひとたびカールができると，アークに沿って一定間隔で次々とカールが現れ，連続した美しい線状構造となる．微弱なオーロラ光が，幾重にも重なることで周囲よりも明るい光の筋として見えているものである．

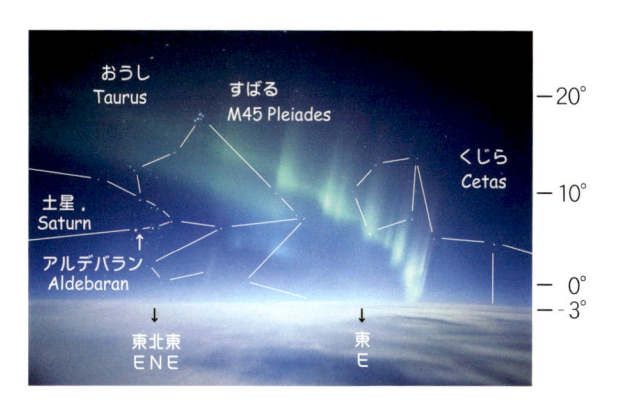

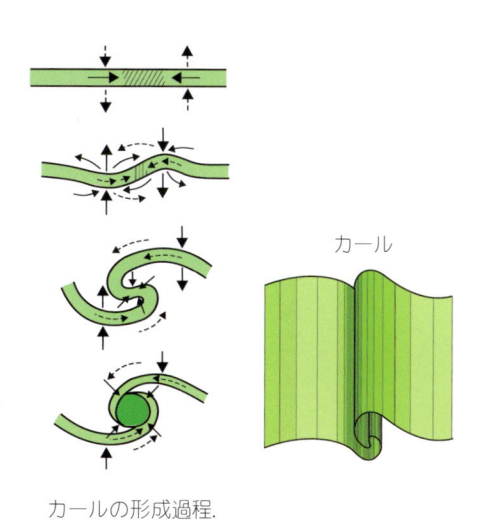

カール

カールの形成過程．
（Hallinan and Davis, 1970の図を改変）

おうし Taurus
すばる M45 Pleiades
くじら Cetas
土星 Saturn
アルデバラン Aldebaran
東北東 ENE
東 E

2002年9月1日 09:17 UT　N56.7/W134.5　37,000'　カナダ クイウ島，高度11,300m　アークオーロラ

Minolta α-7
Minolta 35mm/F1.4
F1.4 20s
Provia 400F RHPⅢ
Push to +1

太陽の磁気赤道と太陽風速度

　太陽の地理上の赤道に対する磁気赤道の傾き角は，太陽の活動がもっとも静かな極小期にはほぼ0度，そして活動がもっとも活発な極大期には90度，さらに次の極小期には180度と，反転する傾向にある．一方，太陽風の速度は赤道付近が最小で，磁気緯度（磁軸極を基準とした緯度）が高くなるほど速度は増す．地球のある地点で太陽の1自転中の太陽風速度を観測し，平均した場合，最大速度を2回観測することになる．一方，地球と太陽は同じ方向に自転しており．地球から太陽を見た場合，相対的に27日の周期となり，オーロラもその間に2回，活動の高まりを見せる．

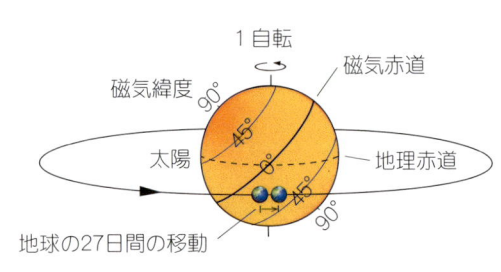

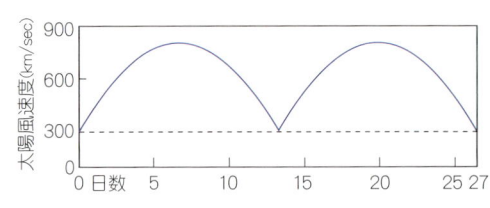

太陽の1自転中，地球で観測される太陽風速度の変化．（太陽の地理赤道と磁気赤道が45°離れている場合）

28　はっきりとしたオーロラ

2002年10月12日 08:34 UT N62.6/W146.0 35,000′ アラスカ ガルカナ付近,高度10,700m 多重アークオーロラ

多重アークオーロラ　multiple auroral arcs

　北天に現れた最初のアークオーロラ（写真一番手前）の後方に，次々と新たなアークが出現し，発達しながら西へ進み，7分後にはみごとな多重アークオーロラが形作られた．アークが複数並行するオーロラを多重アークオーロラ（多重弧）と呼ぶ．アークが複数並行して現れるのは，東西方向に存在するオーロラ電流層（オーロラ粒子の流れが作る磁力線に沿った電流の層）が複数存在するためであるが，その詳しい機構はまだ解明されていない．また，夕方早めの時間帯にこのような多重弧が現れる夜は，すばらしいオーロラ・ブレークアップ（オーロラ爆発現象）が見られるという．その予測通り，撮影20分後から活発なオーロラが1時間30分ほど観測された．

Minolta α-7
Minolta 35mm/F1.4
F1.4 20s
Provia 400F RHP III
Push to +1

2001.10.12 20:26 UT N65.8/E043.0 33,100′
メゼニ（ロシア）上空，月の出と共に現れた多重弧．

アーク状オーロラ　29

2001年10月12日 20:12 UT N65.1/E038.2 33,100′ ロシア 白海上空，高度10,100m 多重アークオーロラ

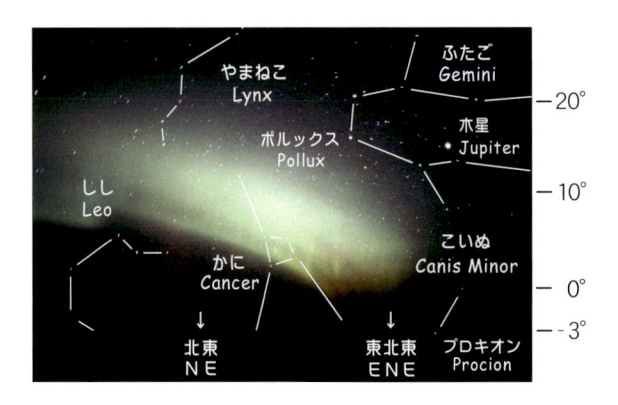

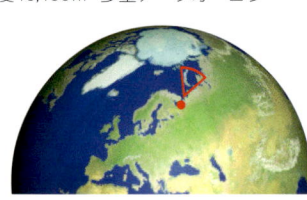

Minolta α-7
Minolta 35mm/F1.4
F1.4 20s
Provia 400F RHPⅢ
Push to +1

地球磁気圏　Earth's magnetosphere

　地球磁気圏とは，地球の磁場が支配する領域をいい，太陽風の影響で彗星のような形をしており，地球を太陽風の直撃から守るバリアーでもある．磁気圏の内部は，性質の異なる数種のプラズマから構成されており，地球の中心から地球半径の4〜6倍以内の領域は，地球の自転の影響を受けた低温で高密度のプラズマ圏に包まれ，その中に高温で低密度の放射線帯（バン・アレン帯）が2重のドーナツ状に存在する．磁気圏尾部の磁気中性面（108頁参照）の南北両側には，オーロラ粒子の供給源となる高温プラズマ領域（プラズマ・シート）があり，その外側にローブと呼ばれる低温プラズマ領域が，プラズマ・シートを覆うように存在する．

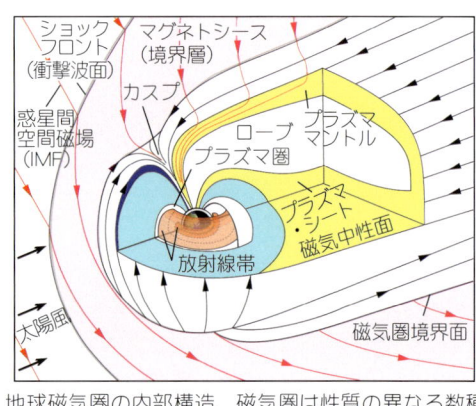

地球磁気圏の内部構造．磁気圏は性質の異なる数種のプラズマ領域により構成されている．

30　はっきりとしたオーロラ

2004年11月12日 08:12 UT N63.9/W150.0 37,000′ アラスカ フェアバンクス付近，高度11,300m 多重アークオーロラ

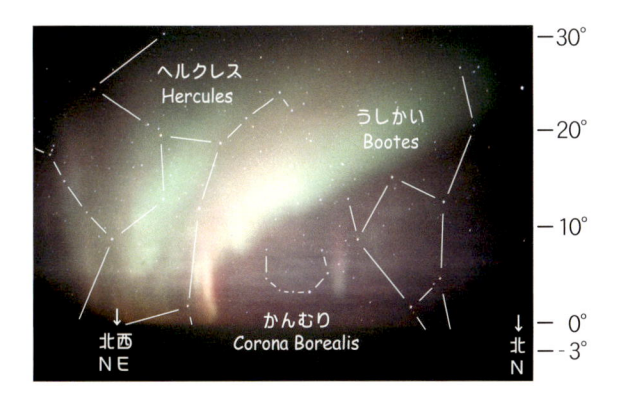

Minolta α-7
Minolta 35mm/F1.4
F1.4 20s
Provia 400F RHP Ⅲ
Push to +1

極軌道環境衛星 NOAA POES

　右下の図は，米国海洋大気圏局（NOAA）の極軌道環境衛星（POES：Polar Orbiting Environmental Satellite）が，写真撮影の約1時間前に北極上空から観測したオーロラ活動領域の全景．POES衛星は，両極上空を通過する軌道をもち，極全域に降り込む電子や陽子のエネルギー量の計測値を基に，極域の消費電力量の算出をおこないオーロラ活動度（auroral activity level）の定義づけを目的として打ち上げられたもので，写真撮影の1時間前の極全域に流入したエネルギー総量は43GW（ギガワット：ワットの10億倍），オーロラ活動レベルは10段階中の8を計測している．

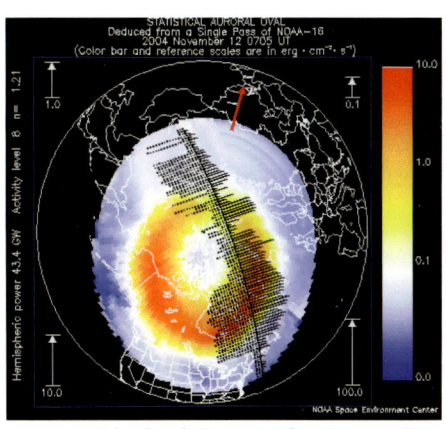

オーロラ活動領域の全景図．極域に降り込む電子や陽子のエネルギー量を計測しオーロラ活動度を算出している．縦方向の黒斜線は衛星の軌道，軌道に直角方向の点線は，降下粒子エネルギー量を示す．赤矢印は太陽の方向．（提供：NOAA 米国海洋大気圏局）

アーク状オーロラ 31

2001年3月23日 10:07 UT N61.2/W117.7 37,000′ カナダ ヘイ・リバー付近, 高度11,300m バンドオーロラ

Minolta α-7
Minolta 35mm/F1.4
F1.4 20s
Provia 100F RDPⅢ
Push to +2

オーロラ光スペクトル　spectrum of aurora

　太陽の光は連続したスペクトルであるが，オーロラの主要な光は，酸素原子の発光による緑色（5577Å：557.7nm）と赤色（6300/6364Å），窒素分子の赤色（〜6700Å），そして，窒素分子イオンの濃紫色と青紫色（3914/4278Å）などである．その他，窒素原子（N）や水素原子（H），ヘリウム（He），酸素分子（O_2）なども発光するが，可視光線領域外であったり発光強度がひじょうに弱く，人間の目には見ることができない．写真に見られる青紫色は，窒素分子イオンの発光によるものである．

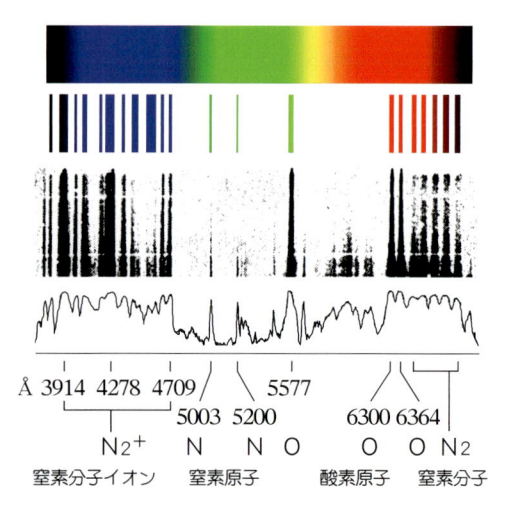

Å 3914 4278 4709 / 5577 / 6300 6364
              5003 5200
         N_2^+ N   N O   O N_2
     窒素分子イオン 窒素原子 酸素原子 窒素分子

太陽光とオーロラ光スペクトルの比較．上から下へ，太陽光スペクトル，オーロラ光スペクトル①，オーロラ光スペクトル②，オーロラ光の相対強度，波長（Å），原子・分子記号および名称．

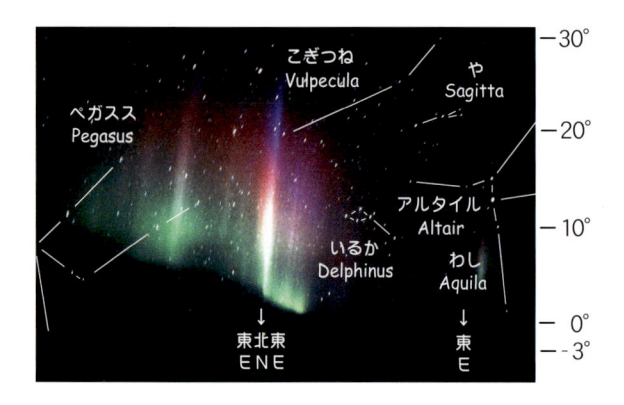

32　はっきりとしたオーロラ

2004年10月8日 08:03 UT N63.4/W131.2 37,000 カナダ ロス・リバー付近, 高度11,300m タイプaのバンドオーロラ

Minolta α-7
Minolta 35mm/F1.4
F1.4 20s
Provia 400F RHP III
Push to +1

大気組成とオーロラの発色

　地球大気の垂直分布は，太陽の紫外線などの高エネルギー電磁波により分子から分離させられた原子の軽いものほど上空に滞留する．高度500km以上では軽い水素原子とヘリウム原子が多く，500～200kmでは酸素原子が多くなり，それに少量の窒素分子，200～100kmでは窒素分子が多く，残りは酸素原子と酸素分子が大部分を占める．密度の薄い高度200km以上では，酸素原子の発光による赤色が，また，それより密度の濃い低空になるほど酸素原子の発する緑色の割合が多くなる．それは，大気の垂直分布と粒子密度が大きく影響しているためである．

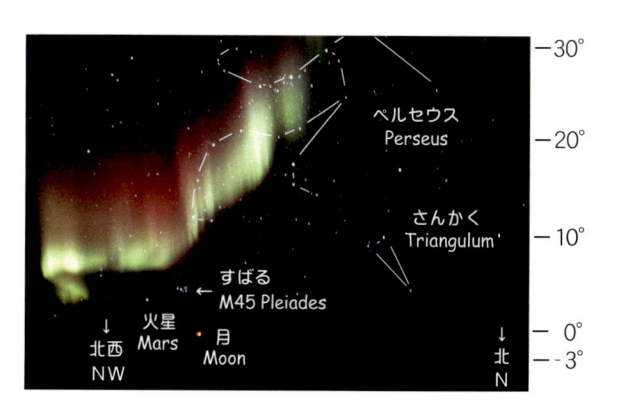

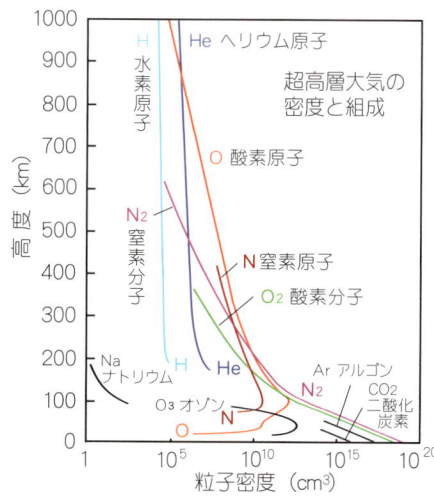

(大林辰蔵著『物理科学選書5 宇宙空間物理学』P. 27「超高層大気の密度と組成」(裳華房))より改変.

2001年3月23日 08:16 UT N62.3/W150.9 37,000' アラスカ アンカレッジ付近，高度11,300m タイプaのオーロラ

Minolta α-7
Minolta 35mm/F1.4
F1.4 20s
Provia 400F RHP III
Push to +1

タイプaのオーロラ(1) type-a(1)

　オーロラカーテンの上部が赤く，下部が緑色のオーロラをタイプaのオーロラという．上部の赤色は酸素原子の放つ6300Å（オングストローム，630.0nm）の光である．オーロラの発光高度と発色は密接な関係にあり，赤色の輝度のピークは高度250km付近にある．また，入射してくる電子のエネルギーが，1キロ電子ボルト以下の割合が多いほど上部がより赤くなる．右図は，入射電子の強度（エネルギー）に対する高度と赤色放射率を示したもので，入射電子のエネルギーが1キロ電子ボルト以下になると赤色放射率の急上昇が見られる．

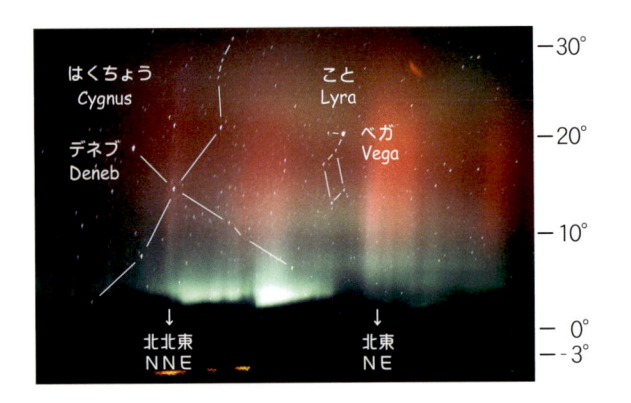

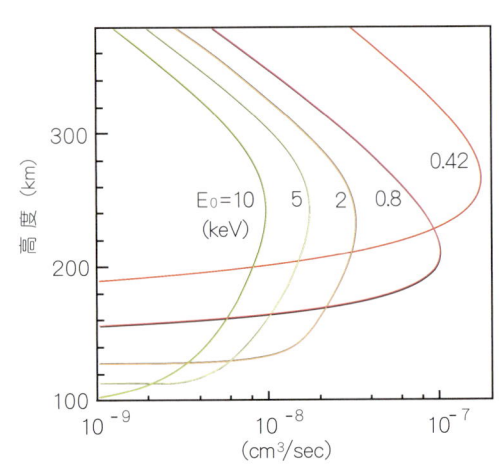

入射電子流量に対する6300Å放射率．
(Banks et al., 1974)

34　はっきりとしたオーロラ

2001年3月23日 09:21 UT N62.7/W131.5 37,000′ カナダ ロス・リバー付近, 高度11,300m タイプaのオーロラ

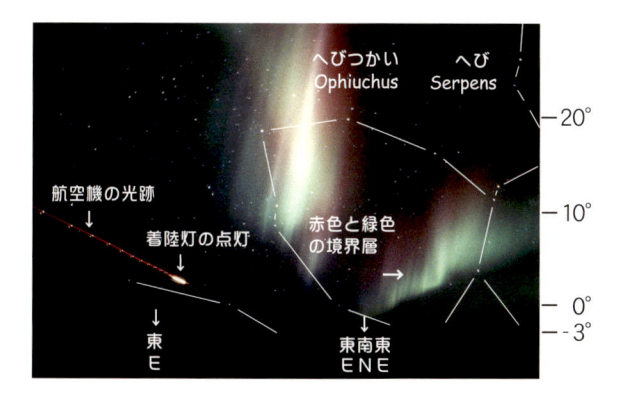

Minolta α-7
Minolta 35mm/F1.4
F1.4 20s
Provia 100F RDPIII
Push to +2

タイプaのオーロラ (2) type-a (2)

　タイプaのオーロラは，すべて緑色のタイプcのオーロラとともに良く見られるオーロラで，酸素原子による緑色と赤色の発光の境界は高度約200km付近に存在する．それは，酸素原子がエネルギーを受け取り，赤色の光子を放出するまでに110秒という長い時間を必要とすることに起因する．高度の低下に伴う大気密度の増加により，酸素原子が励起したのち赤色の光子を放出するまでの間に，他の原子や分子と衝突してエネルギーを喪失し赤色の発光が阻害されるためである．一方，緑色の発光は，衝突後わずか0.74秒後に開始するため大気密度の影響が少なく，高度の低下とともに緑色が卓越してくるのである．

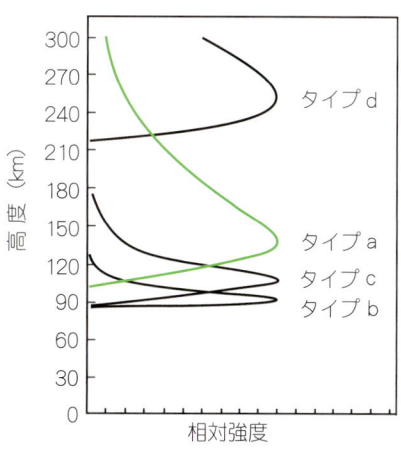

タイプ別オーロラの発光強度と高度の関係．
(Vallance Jones, 1971の図を改変)

バンド状オーロラ　35

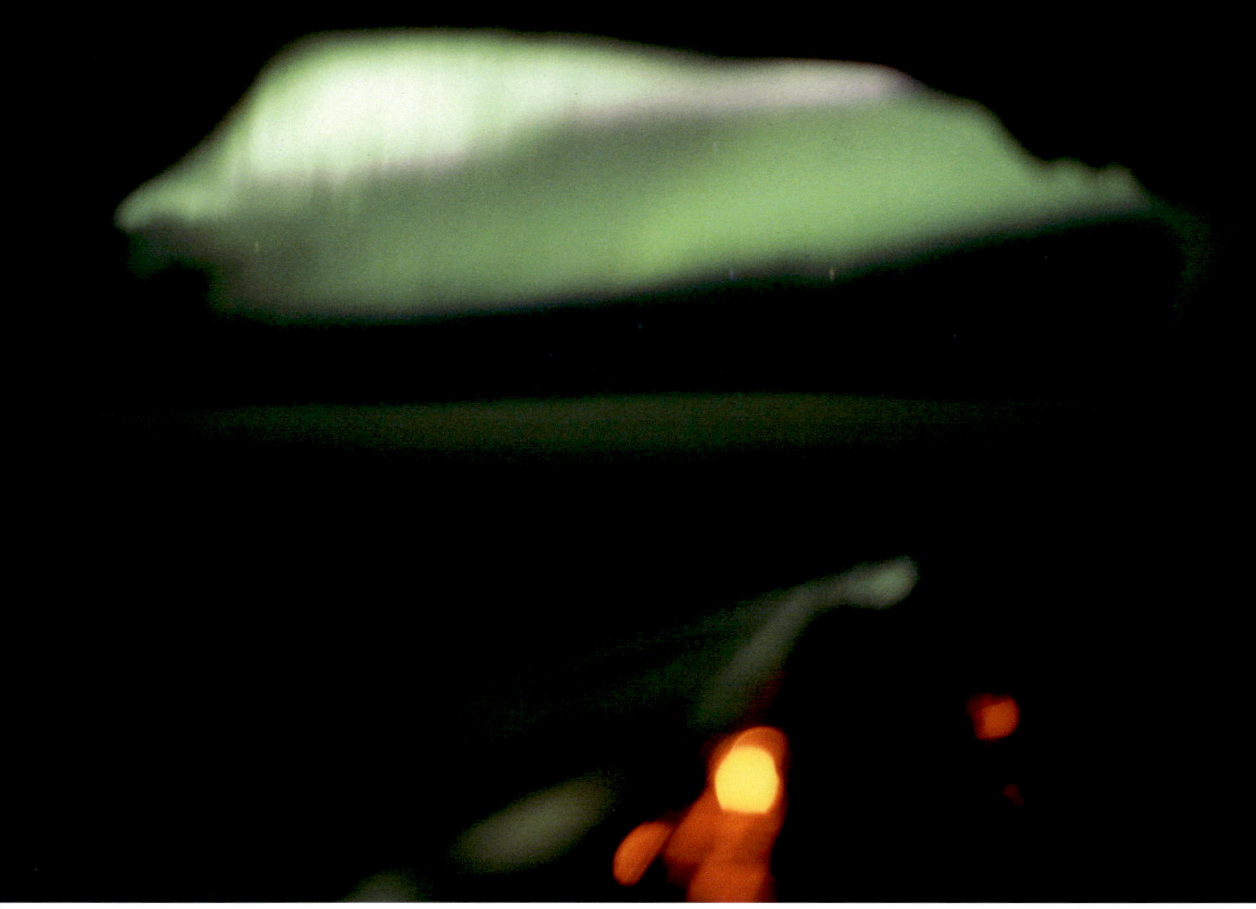

2004年11月12日 09:00 UT　N64.8/W133.1 37,000′ カナダ ノーマン・ウェルズ付近，高度11,300m　タイプ e のオーロラ

Minolta α-7
Minolta 35mm/F1.4
F1.4 15s
Provia 400F RHPⅢ
Push to +1

タイプ e のオーロラ　type-e

　急激に発達したオーロラが，飛行ルートの左側から頭上を越え右側へ南下（低緯度への拡大）し，揺れるカーテンの裾でピンクの光が躍動する．レイ構造がアークに沿って激しく動く場合に見られるカーテン下部の赤いオーロラをタイプ e のオーロラという．オーロラ下辺の高度90～100km付近の大気成分は，窒素分子と酸素分子が大部分を占めており，窒素分子の発光強度は，高度の低下にともなう窒素分子密度の高まりに相関し，とくに相対強度のピークとなる高度90km付近で発光する赤色の帯放射（670.0nm付近の，ある幅を

もった放射）は強く，カーテンの裾にひらめく「華麗なピンクのフリル」と形容される．

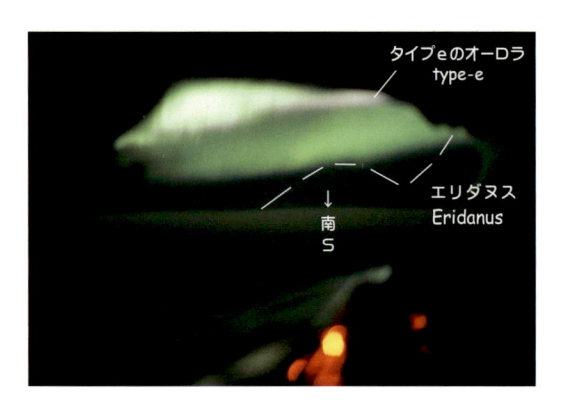

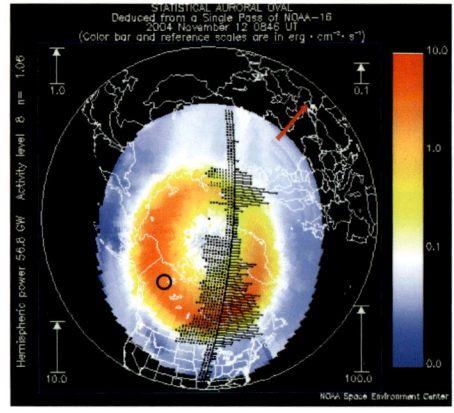

オーロラ写真と同時刻に，NOAA POES衛星が観測した，オーロラ活動領域全景．赤いほど活動が活発な領域をあらわす．○印は写真撮影位置（著者記入）．
（提供：NOAA 米国海洋大気圏局）

38　はっきりとしたオーロラ

2002年 9月14日 08:53 UT N61.3/W141.0 37,000' カナダ ベアー山上空, 高度11,300m タイプbとcのオーロラ

Minolta α-7
Minolta 35mm/F1.4
F1.4 15s
Provia 400F RHP III
Push to +1

百万分の1秒　first positive band

　酸素原子は，励起状態から緑色の光を放出するまでには0.7秒の時間を必要とするが，それに対し窒素分子の赤色放射は，窒素分子の励起後，百万分の1秒以下で放出がおこなわれ，ほとんど瞬間的な発光として見える．この窒素分子の発光の真下を飛行すると，縦横無尽に飛び跳ねるピンク色の炎に取り囲まれたような幻想的な光景を見ることができる．このような窒素分子の赤色放射をファースト・ポジティブ・バンド（first positive band）と呼ぶこともある．

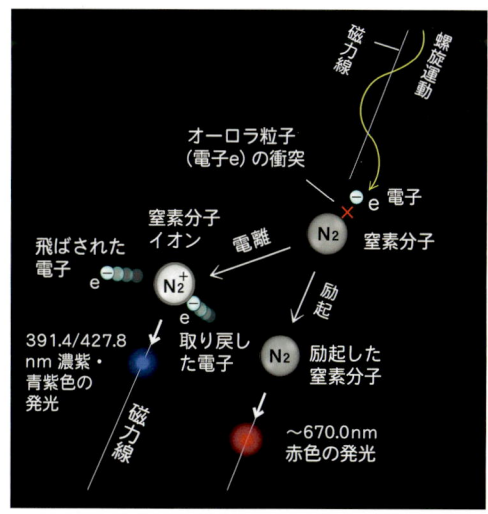

窒素分子の発光過程の模式図．窒素分子は受け取ったエネルギーの強さにより異なる発光をする．タイプbとタイプeのピンクの発色は，励起した窒素分子のエネルギー放出による発光である．

バンド状オーロラ　39

2004年3月25日 09:04 UT N62.9/W142.5 37,000′ アラスカ ノースウェイ付近，高度11,300m タイプaのバンドオーロラ

Minolta α-7
Minolta 35mm/F1.4
F1.4 20s
Provia 400F RHPⅢ
Push to +1

酸素原子の発光機構（1）

　基底状態（安定した状態）にある酸素原子が，あるエネルギーをもったオーロラ粒子との衝突により強制的にエネルギーを受けとると，1.96電子ボルトほど高い第一次励起状態（基底状態より高いエネルギーの状態）か，4.17電子ボルトを受けとり，より高い第二次励起状態に移行する．しかし，大きな軌道に無理やり移行させられた酸素原子は，ひじょうに不安定な状態となり，ただちに元の基底状態に戻ろうと，受けとった余分なエネルギーを光子の形で放出する．この光子の放出がオーロラの光である．

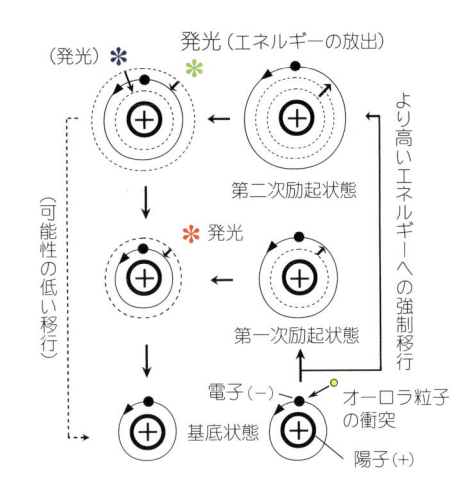

酸素原子の発光過程模式図（1）．オーロラ粒子と衝突した酸素原子は，受けとったエネルギーの大きさにより異なる励起状態へ移行する．そして元の一段低い軌道に戻るときは余分なエネルギーを発光の形で放出する．

40　はっきりとしたオーロラ

2004年3月25日 09:29 UT N63.3/W134.1 37,000' カナダ メーヨー付近，高度11,300m タイプaのバンドオーロラ

Minolta α-7
Minolta 35mm/F1.4
F1.4 20s
Provia 400F RHPⅢ
Push to +1

酸素原子の発光機構 (2)

　オーロラ粒子との衝突により4.17電子ボルトを強制的に受けとり，第二次励起状態に移った酸素原子の半数以上は，0.74秒後に5577Å（557.7nm）の緑色の光子を放出し，第一次励起状態に戻る．しかし，第一次励起状態から赤色の6300Å（6364Åを含む）の赤色の光子を放出するためには，110秒という長い時間を必要とし，高度200km以上の薄い大気密度が要件となる．一方，第二次励起状態から2972Å（297.2nm）の青色を発光し，いっきに基底状態への遷移も考えられるが，量子論的に可能性は低い．

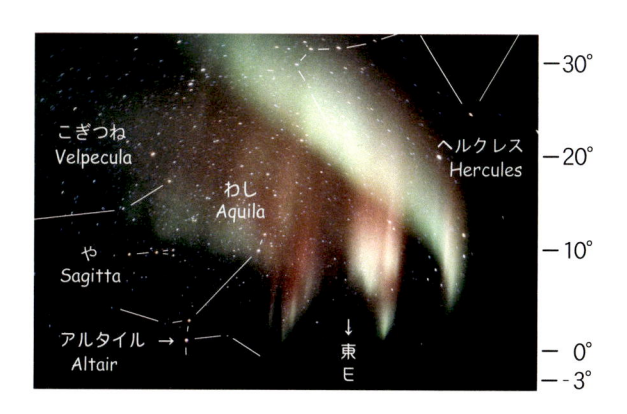

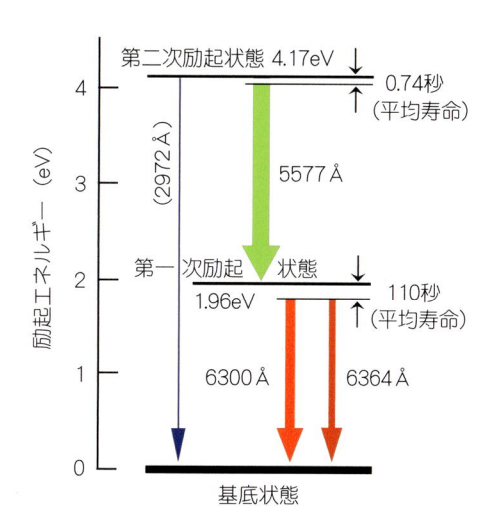

酸素原子の発光過程模式図 (2)．各励起状態における寿命（時間）ののち，エネルギーの放出が開始される．

バンド状オーロラ　41

2001年9月3日 08:35 UT N61.3/W140.0 37,000' アラスカ マウント・ローガン上空，高度11,300m バンドオーロラ

Minolta α-7
Minolta 35mm/F1.4
F1.4 10s
Provia 400F RHP III
Push to +1

双極子（ダイポール）磁場 dipole magnetic field

「地球がなぜ磁場をもっているか？」という疑問の答えは，地球の地下深部にある．地下2,900～5,100kmには，液体状の鉄とニッケルの外核があり，その下の5,100～6,400kmには，個体の鉄を主とする内核がある．地球中心部の温度は太陽とほぼ同じ絶対温度6,000度（摂氏5,700度）ほどで，外核液体の対流による循環が円電流を発生し，磁場を作りだす．しかし対流運動は複雑で地球から数千km以内の宇宙空間では完全な双極子磁場とはならない．現在，地球磁場の強度はじょじょに減少傾向にあり，さらに，近年の減少率は増大しており，このままの減少率が維持されると約千年後には地球磁場の強度は0（ゼロ）となり，その後の予測はついていない．

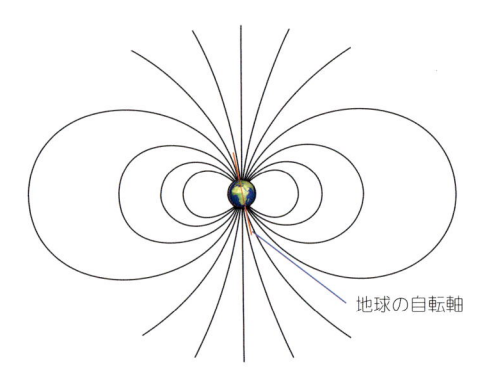

ぎょしゃ Auriga
プレアデス星団（すばる） M45 Pleiades
おうし Taurus
土星 Saturn
アルデバラン Aldebaran
木星 Jupiter
北東 NE
東 E

地球の自転軸

双極子磁場モデル．太陽風による変形を受けない状態における地球の磁場．

42　はっきりとしたオーロラ

2005年2月11日 08:58 UT N61.1/W130.1 37,000′ カナダ ワトソン・レイク付近，高度11,300m タイプcのバンドオーロラ

Minolta α-7
Minolta 35mm/F1.4
F1.4 20s
Provia 400F RHP III
Push to +1

地磁気極　geomagnetic pole

　地磁気極とは，地球の中心に双極子磁場をもつ棒磁石を置いたと仮定したとき，棒磁石の軸と地表面が交わる点で，磁軸極ともいう．一方，コンパスなどの磁石の針が鉛直（伏角が±90度）になる地点を磁極と呼び，ともに，時の流れとともに移動をする．右図は，地磁気永年変化と呼ばれる過去2,000年間の地磁気北極の移動の記録で，約1,500年間で極域を反時計回りに1周するように移動し，2012年の地磁気北極の予測位置はカナダのエルズミーア島になる．近年，古い岩石の残留磁気測定により，地球の磁場のS極とN極が過去何度か反転した痕跡も発見されている．

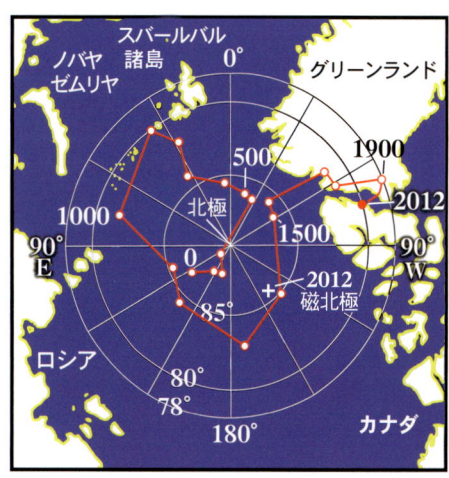

過去2000年間の地磁気北極移動のようす．2012年の地磁気北極と磁北極の位置は予測位置．（Merrill and McElhinny, 1983の図を参考に作図）

バンド状オーロラ

2001年9月3日 09:17 UT N61.3/W145.3 37,000′ アラスカ ティーケル上空，高度11,300m バンドオーロラ

Minolta α-7
Minolta 35mm/F1.4
F1.4 15s
Provia 400F RHPIII
Push to +1

不変磁気座標 Invariant magnetic coordinates

　オーロラは地球磁場内に発生する現象のため，オーロラの位置関係を座標上に表示する場合には，一般に使用する地理座標は用いず，地磁気を基準とした磁気座標系を使用する．地球の磁場は，地球の中心に1本の棒磁石を置いた双極子磁場に似ているが，磁極は経年変化を続けており，そのため係数補正（現在は5年毎）をおこなうことが必要で，さらに地球の非双極子磁場に近づけるため，磁気モーメントなどの補正をおこなった磁気座標を不変磁気座標といい，現在のオーロラ研究の基準座標として用いられている．

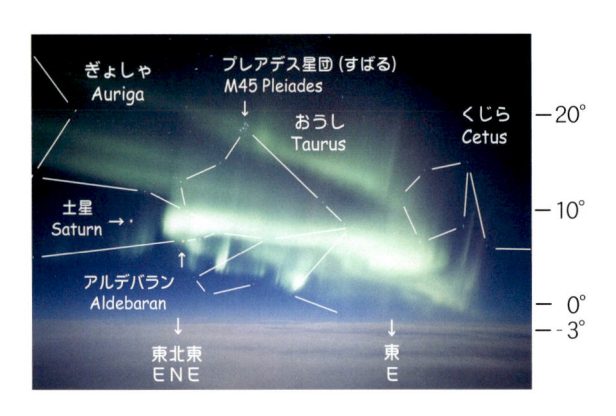

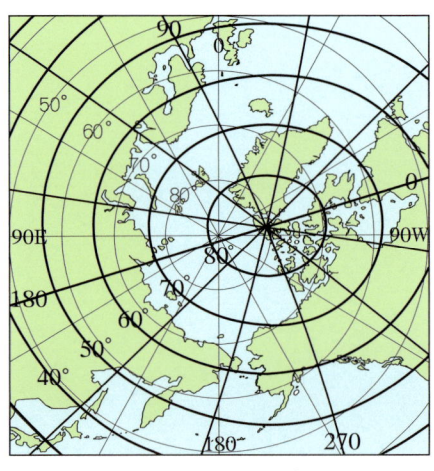

不変磁気座標（太線）．磁軸極の経年変化に伴う誤差の修正のために，5年毎に係数補正がおこなわれる．

44　はっきりとしたオーロラ

2004年4月18日 21:34 UT N60.8/E043.0 33,100′ ロシア ベリスク付近, 高度10,100m バンドオーロラ

Minolta α-7
Minolta 35mm/F1.4
F1.4 20s
Provia 400F RHP III
Push to +1

オーロラまでの距離　distance to aurora

　観測者から見て，地磁気極方向にあるオーロラカーテンの下端への仰角（水平面からの角度）で，オーロラまでの水平距離が求められる．カーテンの下辺が地平線から仰角5度の位置にあれば，オーロラまでの距離は約710km，10度では480km，20度であれば250km，30度では160kmになる．これはオーロラの下端の高度が正確に100kmであることから、計算により求めることができる．写真はオーロラから南へ約800km離れたロシア西部上空，高度10,100mから見た，ほぼ地平線上に見えるバンドオーロラ．

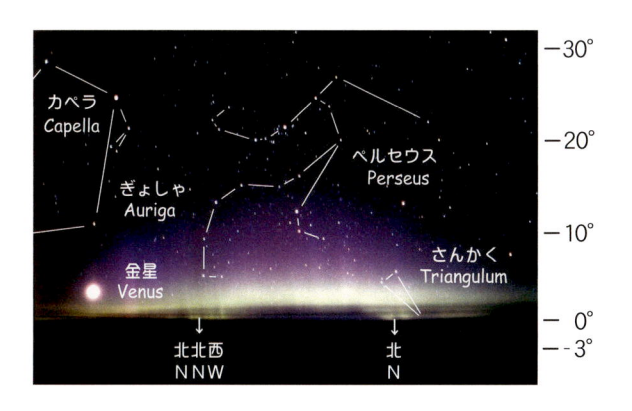

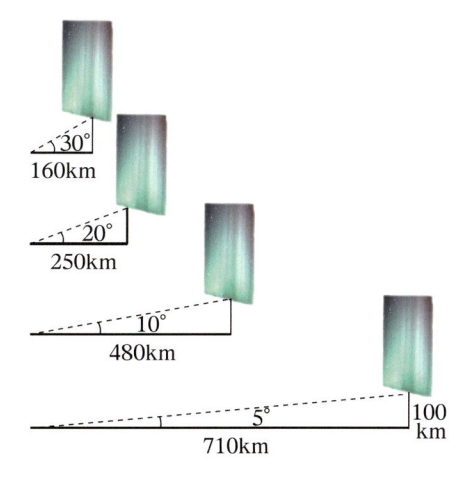

観測地からオーロラまでの水平距離．（地球の曲率を考慮した場合）

バンド状オーロラ　45

2002年10月12日 09:24 UT N62.7/W131.3 37,000' カナダ ロス・リバー付近，高度11,300m タイプaのバンドオーロラ

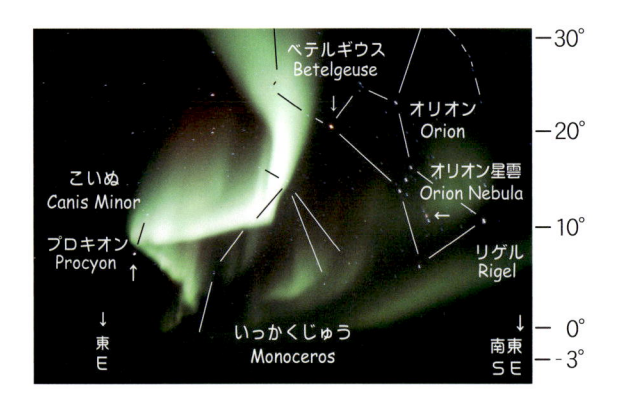

Minolta α-7
Minolta 35mm/F1.4
F1.4 20s
Provia 400F RHP III
Push to +1

惑星間空間磁場　Interplanetary Magnetic Field

　地球を太陽風の直撃から守る地球磁気圏も，その扉を開き太陽風の侵入を容易にする場合がある．そのカギとなるのは，太陽風によって運び出される太陽の磁場で，惑星間空間磁場（IMF）と呼ばれる．IMFはコロナホールや大きなフレアーに伴う高速太陽風やプラズマ雲の影響を受けて大きく変動する．IMFの向きが南に変化すると，地球磁気圏の前面でIMFと地球の磁力線が結合して，磁気圏後方へ流れ，磁気圏尾部で再結合する．その結果，太陽風エネルギーが磁気圏内へ進入して，オーロラも活発となる．このようにオーロラ活動とIMFの向きはひじょうに密接な関係にある．

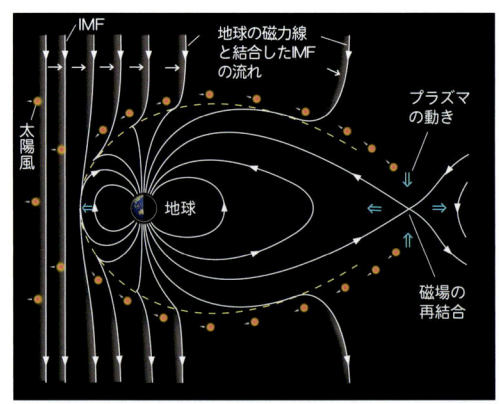

磁気圏前面で地球の磁力線と結合したIMFは，太陽風により太陽側から反太陽方向へ運ばれ，尾部で再び結合する．一部のプラズマは，張力により加速を受け地球方向へ戻り，極域の超高層大気に降り込む．
（『太陽地球系物理学』國分征著　名古屋大学出版会　図5-11を改変）

46　はっきりとしたオーロラ

2001年1月13日 09:04 UT N62.6/W136.7 37,000′ アラスカ ガルカナ付近, 高度11,300m 多重バンドオーロラ

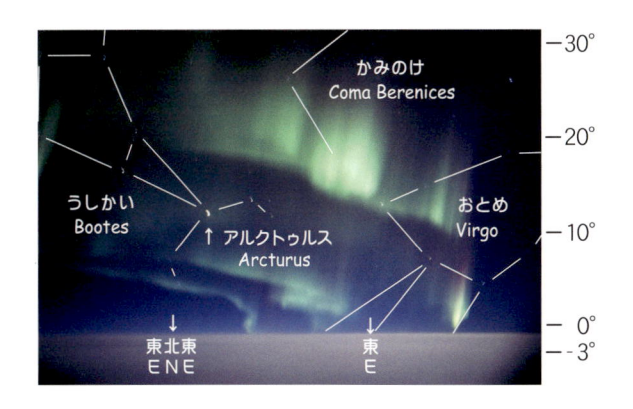

Minolta α-7
Minolta 35mm/F1.4
F1.4 20s
Provia 400F RHP III
Push to +1

極域電離圏対流　polar ionospheric convection

　オーロラのすばやい動きとは別に，夕方側（磁気地方時の真夜中以前）のオーロラは西へ移動し，真夜中すぎのオーロラは東へ移動する傾向にある．これは太陽風と磁気圏におけるプラズマの粘性による相互作用の結果，境界面付近に反太陽方向のプラズマ流が発生し，それに釣り合うように磁気圏内部には太陽方向への流れができる．そして，このプラズマ対流に伴う電場は，磁力線を介し極域電離圏に投影され，極冠域（オーバルに囲まれた内側の領域）の昼間側から夜間側に向かう流れが生じ，朝方側と夕方側に2つの渦が形成される．プラズマの流れと同様に，オーロラは磁気地方時の真夜中を境に，夕方側は西向きに，朝方側は東向きに移動する傾向が生ずる．

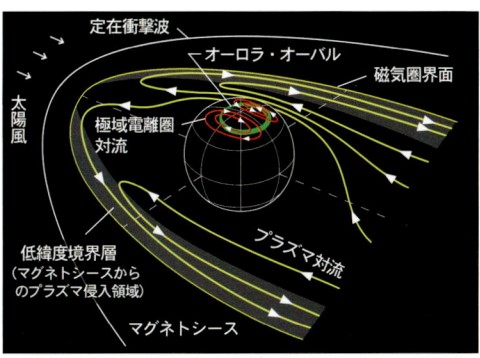

磁気圏赤道面対流と極域電離圏対流概念図．磁気圏赤道面のプラズマ対流（黄色線）と極域電離圏対流（赤色線）．緑色の環はオーロラ・オーバルの位置．なお，地球は拡大して描いている．

バンド状オーロラ　47

2002年3月24日 20:26 UT N64.1/E035.0 33,000′ ロシア ベロモルスク付近, 高度10,000m タイプaのバンドオーロラ

Minolta α-7
Minolta 35mm/F1.4
F1.4 15s
Provia 100F RDP III
Push to +2

磁気流体発電

　オーロラは，太陽風と地球磁場との相互作用による一種の放電現象であり，その継続した放電現象を維持するためには電力が必要である．その電力を発生させる機構は，太陽風と地球磁場が作りだす磁気流体発電（MHD発電）システムと呼ばれる．その原理は，磁石（磁場）とコイル（導体）による通常の発電機と同じで，地球の磁力線と結合した南向きの惑星間空間磁場（IMF）の中を，導体（電気伝導率の良い物体）である太陽風プラズマが高速で通過することにより，その磁場とプラズマ流の双方と直角の方向に起電力が生じるというもの．これがオーロラの電力源となる．

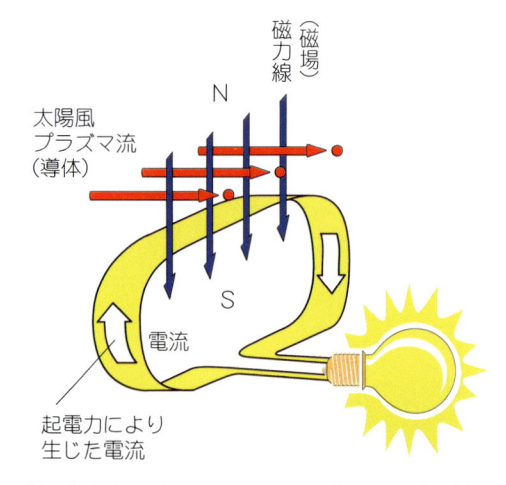

磁気流体（MHD）発電のしくみ．南向きの磁力線の中を太陽風プラズマ流が通過すると，両者の直角方向に起電力が生じる．

48　はっきりとしたオーロラ

2000年11月24日 09:06 UT N63.4/W133.5 37,000′ カナダ メーヨー上空,高度11,300m タイプaのバンドオーロラ

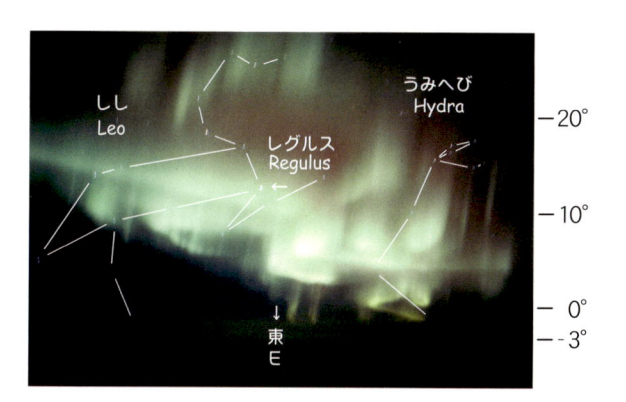

Minolta α-7
Minolta 35mm/F1.4
F1.4 10s
Provia 400F RHPⅢ

磁気圏・電離圏の電流回路

　磁気圏の尾部で発生した電流は,沿磁力線電流(磁力線に沿って流れる電流)として朝方側のオーロラ帯に流れ込み,夕方側の活発なオーロラ領域から沿磁力線電流として磁気圏尾部へ戻るように流れる.この朝方側と夕方側の沿磁力線電流をつなぐものがオーロラジェット電流である.これは,電離圏に降り込む高いエネルギーをもった電子が,中性大気(電離していない電気的に中性の大気)の電離を引き起こし,オーロラ・オーバルに沿って電気伝導率の高い領域を作りだすために起こる.また,磁気圏尾部において磁気再結合により生じた高速プラズマ流は,赤道環電流(赤道上空を取り巻く電流)を発生させるなど,磁気圏尾部と電離圏は複雑な電流系で結ばれている.

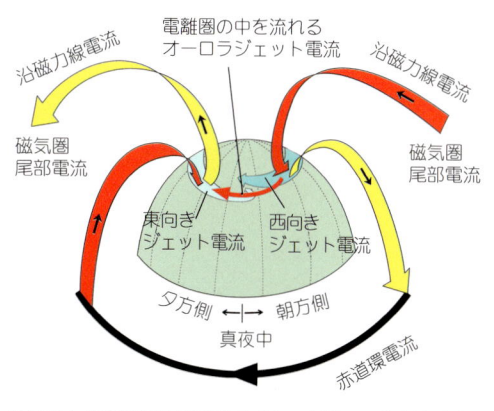

磁気圏と電離圏を結ぶ電流モデル.実際の沿磁力線電流は幅の広い帯状で,極域を二重に取り囲むように存在する.

バンド状オーロラ　49

2004年11月12日 09:17 UT　N64.3/W126.7　37,000′　カナダ　ノーマン・ウェルズ付近，高度11,300m　スパイラル状オーロラ

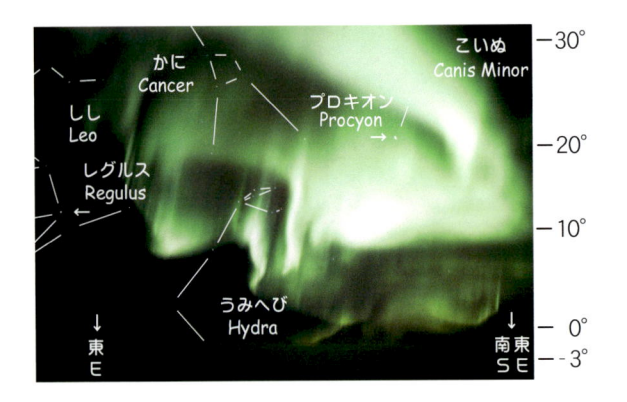

Minolta α-7
Minolta 35mm/F1.4
F1.4 15s
Provia 400F RHP III
Push to +1

オーロラジェット電流　auroral jet current

　オーロラ・ブレークアップ現象が起きると，オーロラ帯付近の高緯度地域に強い磁場変動が発生する．これはブレークアップ時のオーロラの中を流れる強い電流が磁場に影響を与えるためで，この電流を「オーロラジェット電流」と呼ぶ．オーロラ粒子はオーロラを発生させると同時に，極域上空の電離圏（高度100～200km）の原子や分子を電離し電子密度を増大させるため，電気伝導度の高い領域を形成する．そこに流れる大電流がオーロラジェット電流であり，オーロラ・サブストームのピーク時には，電流は数千万A，電圧は数百kV，電力換算で百億kWに達する．このオーロラジェット電流が強いほどオーロラも明るくまた活発となる．

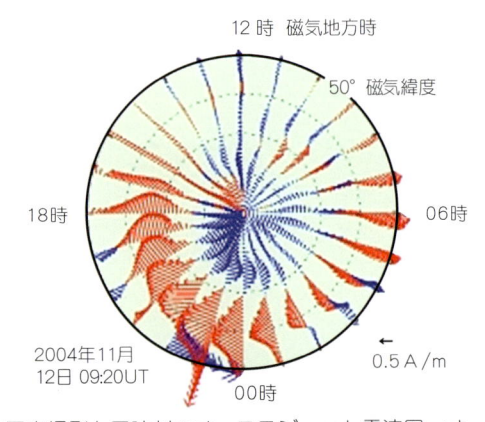

写真撮影と同時刻のオーロラジェット電流図．オーロラの中を流れる西向きの電流（赤）と，東向きの電流（青）．（提供：名古屋大学太陽地球環境研究所）

50　はっきりとしたオーロラ

2003年10月18日 07:51 UT N60.8/W153.9 37,000′ アラスカ アンカレッジ上空,高度11,300m 多重バンドオーロラ

Minolta α-7
Minolta 35mm/F1.4
F1.4 20s
Provia 400F RHP III
Push to +1

AE指数　auroral electrojet index

　AE指数とは，オーロラ・ジェット電流の強さを指数化したもので，オーロラ発生時のオーロラ帯を流れる電流の最大密度であり，またオーロラの活動度の指標ともなる．磁気緯度63～70度にかけて設置された12ヵ所の観測所における地磁気の水平成分の変化（平穏な日との差）を重ね合わせ，正の最大値（AU：東向きに流れる電流の強度）から負の最小値（AL：西向きに流れる電流の強度）を差し引いたものをAE指数としている．磁気圏サブストームが並のときの数値は，ALがマイナス300～マイナス600nT（ナノテスラ：1,000nTは約10万アンペアに相当する磁場の強さ）程度であるが，磁気嵐の最中にはマイナス2,000nTを超えることもある．

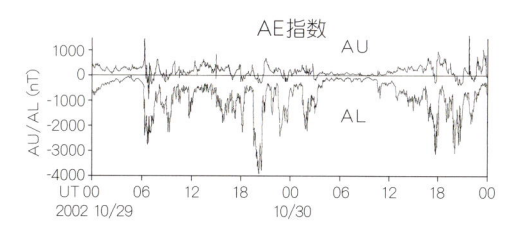

　2003年10月下旬，太陽周期23の活動下降期に発生した太陽観測史上まれにみる巨大フレアー爆発に伴う磁気嵐の記録．10月28日09時51分に太陽で発生したフレアーのコロナ大量放出（CME）は，わずか20時間（通常は2.5日ほど）で地球に到達した．高速太陽風の速度は時速1,000kmを超え，ALの最小値はマイナス4,000nTに達する記録的な値を示し，フロリダ，ハワイそして日本の本州など，世界各地で低緯度オーロラが観測された．

バンド状オーロラ　51

2004年10月8日 08:26 UT N62.6/W146.5 35,000' アラスカ ガルカナ付近, 高度11,300m バンド状オーロラ

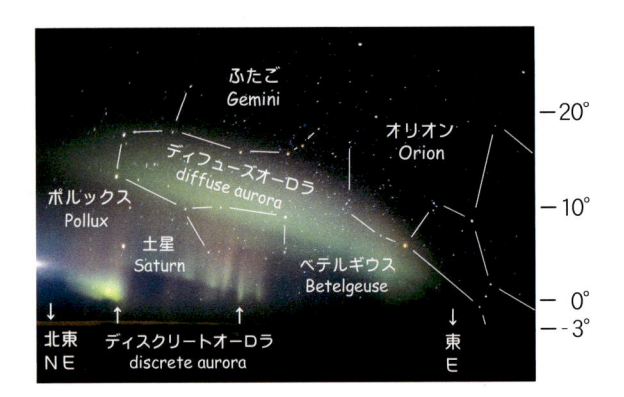

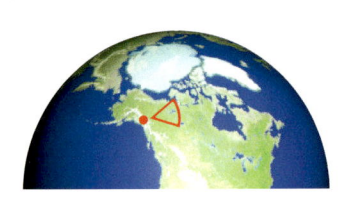

Minolta α-7
Minolta 35mm/F1.4
F1.4 20s
Provia 400F RHP III
Push to +1

オーロラ粒子の供給領域（1）

　写真には，右側のやや輝度の低いオーロラを含む三重のはっきりとしたオーロラ（discrete aurora）が見られる．このはっきりとした種類のオーロラは，磁気圏のプラズマ・シートから磁力線沿いに降下する電子が，途中で沿磁力線加速（磁力線に沿った電位差により加速を受ける）領域内で，数キロ〜十数キロ電子ボルトに加速されたあと，極域超高層大気に降り込むために明るく明瞭な形態のものが多い．一方，ぼんやりとしたオーロラを発生させる粒子は，プラズマ・シートの地球に近い領域から，加速を受けることなしに直接，極域超高層大気へ流入するため，オーロラの形が不明瞭な，ぼんやりとしたものが多い．

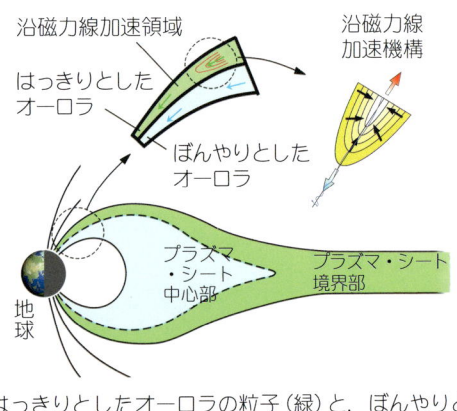

はっきりとしたオーロラの粒子（緑）と，ぼんやりとしたオーロラの粒子（青）の供給源．前者は高緯度側，後者は低緯度側の極域に降り込む．

52　はっきりとしたオーロラ

2001年3月23日 08:31 UT N62.6/W146.6 37,000′ アラスカ グルカナ付近, 高度11,300m タイプaのバンドオーロラ

Minolta α-7
Minolta 35mm/F1.4
F1.4 20s
Provia 400F RHP III
Push to +1

オーロラ粒子加速機構　particle acceleration

　オーロラ粒子は，地球に近づくにつれて地球磁場の強さに押され，高度約2,000km付近で反射してしまう．したがって地上100kmまで降下するためには，数キロ電子ボルトまで加速が必要となる．その粒子加速機構を最初に解明したのは，1976年に打ち上げられたアメリカの衛星（S3-3）で，高度3,000〜10,000km間に存在する磁力線に沿ったU字形をした上向きの電位差の発見であった．その電場がオーロラ粒子を下向きに加速し，極域のオーロラ発生高度まで降下可能にしていた．この加速領域は緯度方向に100kmほどの幅をも

ち，その電位差は10キロ電子ボルト程度である．しかし，その電場の発生機構はまだ解明されてはいない．

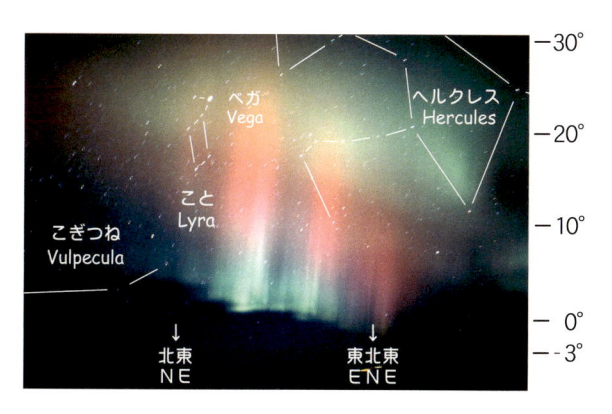

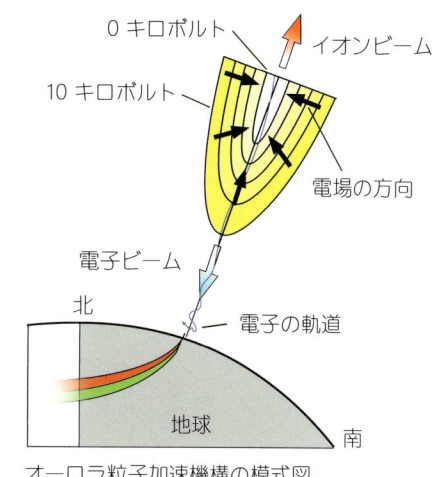

オーロラ粒子加速機構の模式図．

バンド状オーロラ　53

2001年3月23日 09:30 UT　N62.9/W136.9　37,000′　カナダ　フォート・セルカーク付近，高度11,300m　タイプaのオーロラ

Minolta α-7
Minolta 35mm/F1.4
F1.4 20s
Provia 400F RHPⅢ
Push to +1

オーロラの高度　altitude of aurora

　すれ違う航空機が，オーロラの中から飛び出してきたように見えるが，通常，航空機の巡航高度は，対流圏の上限である対流圏界面（トロポポーズ）の温度変化による悪気流を避け，その上層で気流の安定した成層圏を飛行する．したがって，航空機の飛ぶ高度はせいぜい10～12kmである．それに対して，オーロラカーテンの裾の高さはその約10倍の100kmもある．地上に比較し透明度が格段に高く，水平線下まで見とおせる成層圏では，あたかも自分が目の前に広がるオーロラの中へ飛び込んでいくような錯覚に陥る．

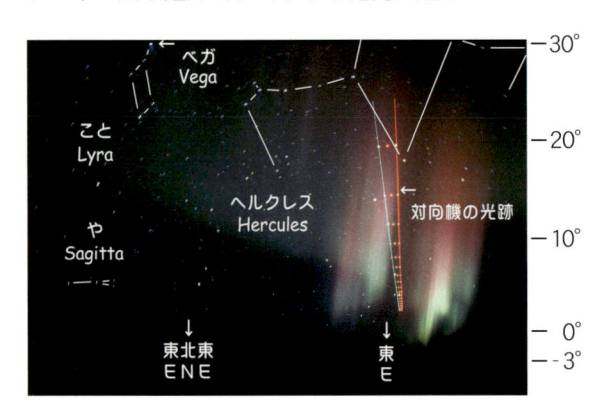

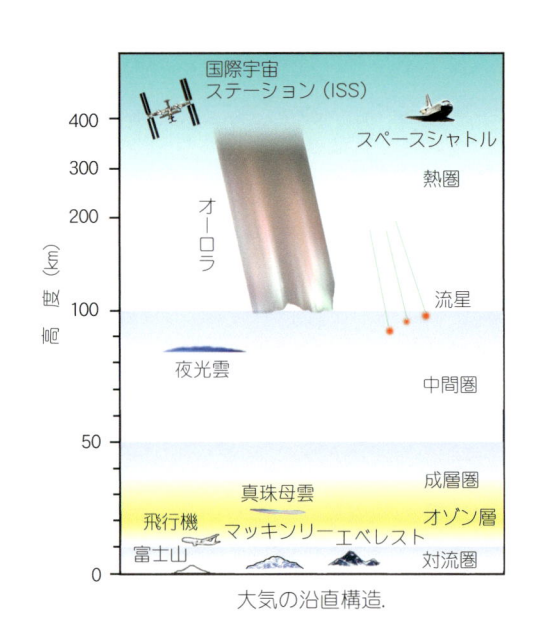

大気の沿直構造．

54　はっきりとしたオーロラ

2001年9月3日 09:20 UT N60.8/W127.5 37,000′ カナダ ワトソン・レイク付近，高度11,300m タイプaのバンドオーロラ

Minolta α-7
Minolta 35mm/F1.4
F1.4 20s
Provia 400F RHP III
Push to +1

磁気天頂　magnetic zenith

　オーロラ粒子は電気を帯びた物質のため，磁力線を横切って移動することはできず，磁力線に巻きつくように螺旋状に降下する．そのためオーロラのカーテンに見られるレイの傾きは，オーロラ出現地点の磁力線の入射角であり，その角度は磁気緯度により決定される．磁気天頂の位置は，フェアバンクスでは約26度，アンカレッジで約30度，イエローナイフにおいては約21度，天頂より南西に傾斜する．写真のカナダ北西部ワトソン・レイク付近で真上にオーロラが見られるときの磁気天頂は，天頂より25度ほど南西に傾く．

コロナオーロラの放射点は磁気天頂となる．

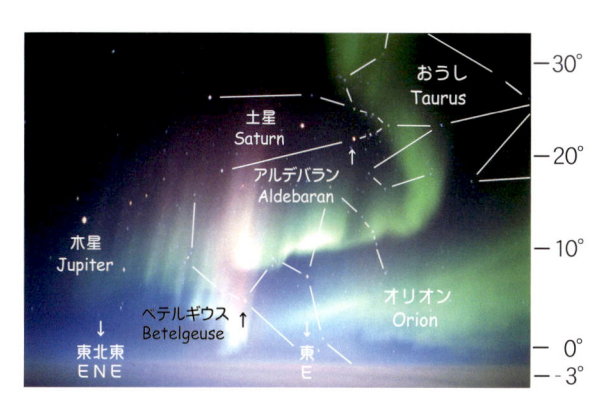

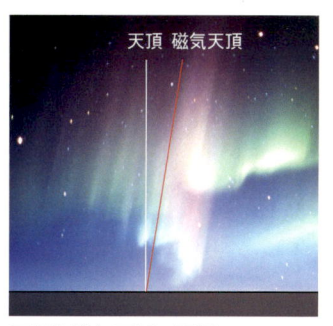

天頂と磁気天頂の関係．

バンド状オーロラ　55

2003年10月18日 07:32 UT N60.6/W156.0 35,000′ アラスカ キングサーモン付近，高度10,700m 西へ移動する大きなうねり

Minolta α-7
Minolta 35mm/F1.4
F1.4 20s
Provia 400F RHP III
Push to +1

西へ旅する大波　westward travelling surge

　オーロラ・ブレークアップの開始とともに，磁気地方時の真夜中より少し夕方側で発生した大きな蛇行が，秒速1〜2kmの高速で西へ移動をはじめる．蛇行の規模はオーロラ活動の度合いを反映し，とくに長さが数百kmにおよぶものを「西へ旅する大波」といい，ときには時速6,000kmを超える猛スピードで走り抜けることもある．オーロラ・オーバルと並行して飛行する機内からは，大波の駆け抜けるようすが目の当たりにされ，その迫力に圧倒される．さらに，この後に続くオーロラ・ブレークアップ現象は，オーロラ鑑賞のハイライトでもある．

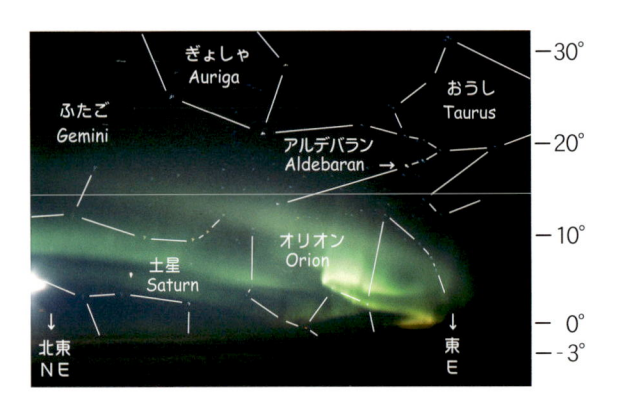

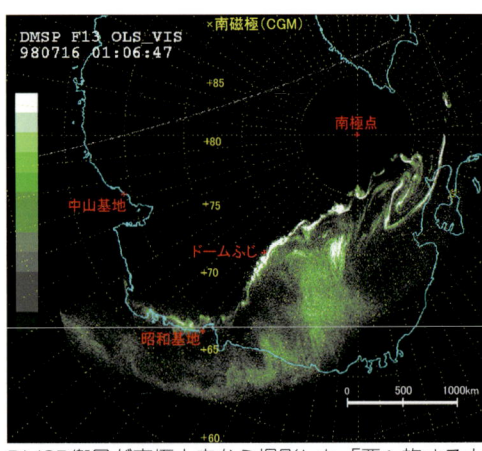

DMSP衛星が南極上空から撮影した「西へ旅する大波」．（右上の緑白色の筋が大きく蛇行している部分）
（提供：国立極地研究所）

2003年10月18日 07:32-07:34 UT　アラスカ　キングサーモン付近，高度10,700m

発達する大波　auroral surge

　オーロラ・ブレークアップ開始時，東の空でS字状に屈曲した波が急速に発達し，猛スピードで西へ疾走する2分間のようす（写真左から右へ，上から下へ）．この光景がちょうど浜辺に打ち寄せる大波に似ていることからサージ（surge）と呼ばれる．この大波の規模は500kmに迫り，オーロラ・オーバルもアンカレッジ上空まで南下しており，オーロラの活動がひじょうに活発であることがわかる．POES衛星の同日07時32分（世界時）観測による北極全域消費電力総量は103ギガワット，オーロラ活動度は最高値10を記録，さらに，8分後の07時40分には，同142ギガワット，オーロラ活動度10と，さらに発達を示している．

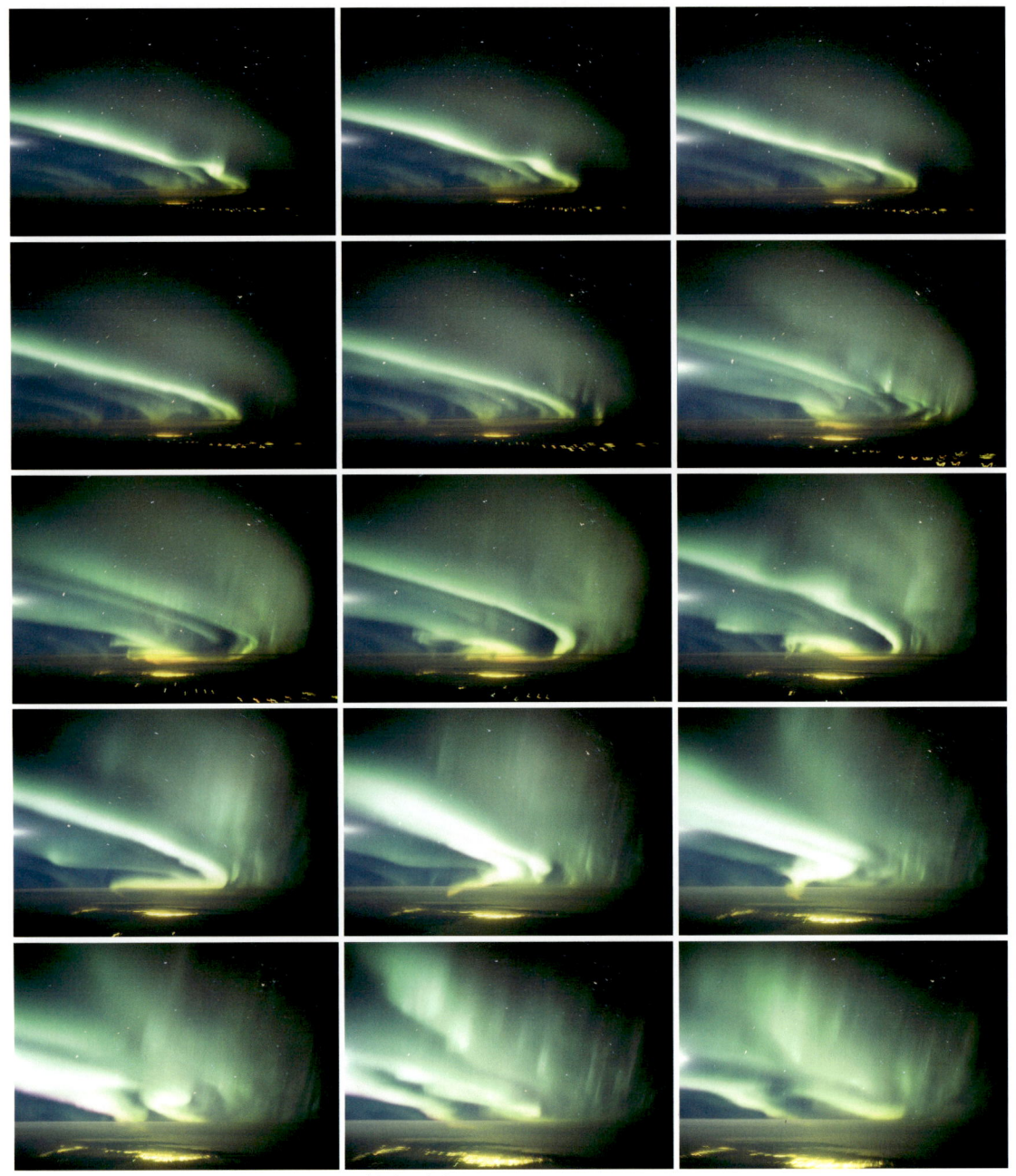

2003年10月18日 07:48～08:00 UT　アンカレッジ上空，高度10,700m

オーロラ・ブレークアップ（1）　auroral breakup（1）

　オーロラ・ブレークアップ開始前からブレークアップ中における12分間のようす（写真左から右へ，上から下へ）．大波が西へ駆け抜けるとともに，形の明瞭なディスクリートオーロラは高緯度側（写真左）へ広がり，形の不明瞭なディフューズ・オーロラは低緯度側（写真右）へ広範囲に拡大していく．オーロラ・ブレークアップ（オーロラ爆発）現象は，サブストーム（磁気圏サブストーム）と呼ばれる磁気圏の擾乱に対応した磁場エネルギー解放の一部として発生する現象である．

2003年10月18日 07:34 UT N60.6/W155.7 35,000′ アラスカ キング・サーモン付近，高度10,700m オーロラ・ブレークアップの開始

Minolta α-7
Minolta 35mm/F1.4
F1.4 20s
Provia 400F RHP III
Push to +1

オーロラ・ブレークアップ (2)

　右のポーラー衛星画像の左から5枚目に見えるオレンジ色の塊が，オーロラ・ブレークアップ現象に伴う活動の急激な発達を開始した領域で，この塊をオーロラ・バルジ（オーロラ塊）という．さらに右の画像が示すように，6分後には高緯度方向と東西方向への広範囲な拡大が見られる．その下の図は，同時刻に日本の磁気圏探査衛星GEOTAILが，地球から反太陽方向へ約20万kmの距離の磁気圏尾部内において観測した磁場の南北成分とプラズマ流速度の計測記録であるが，オーロラ・ブレークアップ現象の原因となる磁気リコネクション（磁気再結合．11頁参照）現象の証拠をとらえたものである．

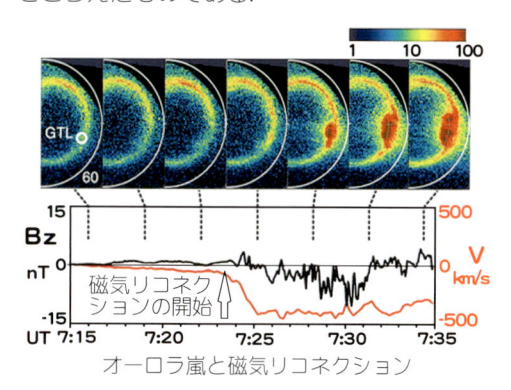

米国ポーラー衛星がとらえたオーロラ・サブストームのようすと，同時刻に日本のGEOTAIL衛星が地球から約20万kmの距離で観測した磁気圏尾部内のプラズマ流速度（赤線）および磁場の南北成分（黒線）．磁場の南北成分の変動は磁気リコネクションの証拠と推測されている．（提供：JAXA宇宙科学研究本部）

オーロラ嵐と磁気リコネクション

バンド状オーロラ　59

2002年9月14日 09:08 UT　N61.3/W136.7 37,000′　カナダ キャニオン・クリーク付近，高度11,000m　タイプcのバンドオーロラ

Minolta α-7
Minolta 35mm/F1.4
F1.4 20s
Provia 400F RHPⅢ
Push to +1

磁気嵐　magnetic storm

　大規模な磁気嵐の発生は，大規模停電や短波通信の障害，人工衛星の機能障害，さらには，低緯度オーロラの出現など，地球上にさまざまな影響をおよぼすことで知られる．その磁気嵐は，太陽におけるプロミネンス（紅炎：太陽大気中に見られる雲のような炎状現象）の爆発やフレアにともなう水素ガスの大爆発により発生したコロナの大量放出（コロナ質量放出 coronal mass ejection：CME）が，地球磁気圏を襲った結果発生するものである．磁気圏が大量のプラズマ雲にさらされ，地球の中心から地球半径の4～6倍離れた磁気赤道上空を環状に取り巻く環電流が増大すると，地球磁場の水平成分の急減少が起こり，磁気嵐の発生を知ることができる．京都大学地磁気世界資料解析センターから公表されるDst指数は，環電流の変動量から磁気嵐の強度を推測する指標として利用されている．

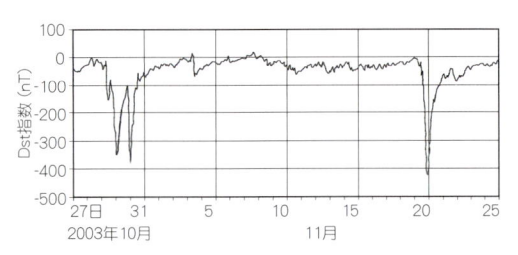

Dst指数．2003年10月から11月にかけて発生した太陽巨大フレアーに伴う磁気嵐の記録．ピーク時はマイナス400nTを超える地磁気水平成分の減少を記録するほどの，まれに見る激しい磁気嵐であった．

2004年12月19日 09:34 UT N63.4/W128.2 37,000' カナダ リグリー付近, 高度11,300m 多重バンドオーロラ

Minolta α-7
Minolta 35mm/F1.4
F1.4 20s
Provia 400F RHP Ⅲ
Push to +1

Kp指数　Kp index

　Kp指数は，全地球的な地磁気擾乱の程度をあらわす指標として，1949年にドイツのゲッチンゲン大学で考案されたものである．世界各地のサブオーロラ帯といわれるオーロラ帯のやや低緯度側に設置された13箇所の観測所から集められた，3時間毎の地磁気擾乱の度合い（静穏な日の値と観測値との差）を，各観測所毎の補正（地方時や季節ごとのばらつきなど）をおこなった後，指数化し，0〜9までとさらに＋－を付した28段階で発表されており，オーロラ活動度の指標としても利用されている．

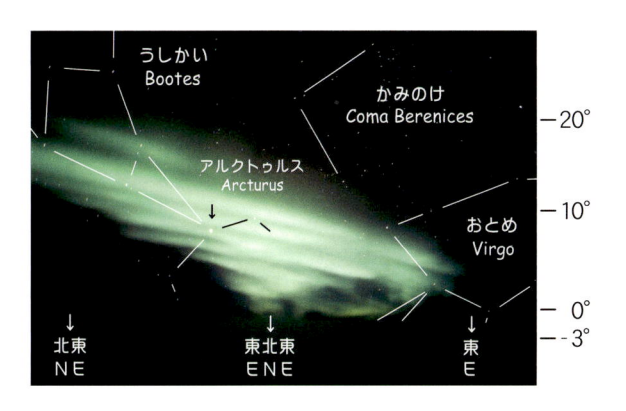

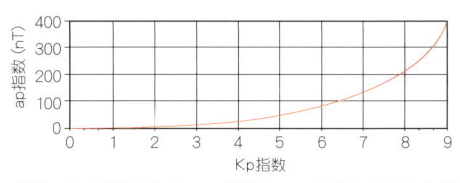

Kp指数／ap指数対応表．ap指数は，Kp指数に対応した磁気擾乱強度の目安である．Kp指数6+がap指数約100nTの強度に対応する．

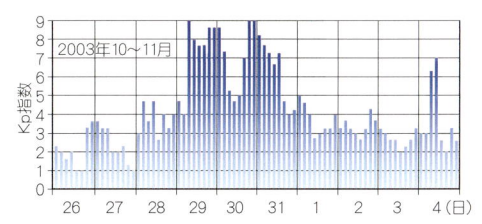

Kp指数．2003年10月下旬，太陽巨大フレアーに伴う強大な磁気嵐が発生した当時の3時間毎のKp指数のグラフ．10月29日におけるKp指数の急上昇は，最大値9を記録している．（日時は世界時）

うしかい Bootes
かみのけ Coma Berenices
アルクトゥルス Arcturus
おとめ Virgo

北東 NE　東北東 ENE　東 E

バンド状オーロラ　61

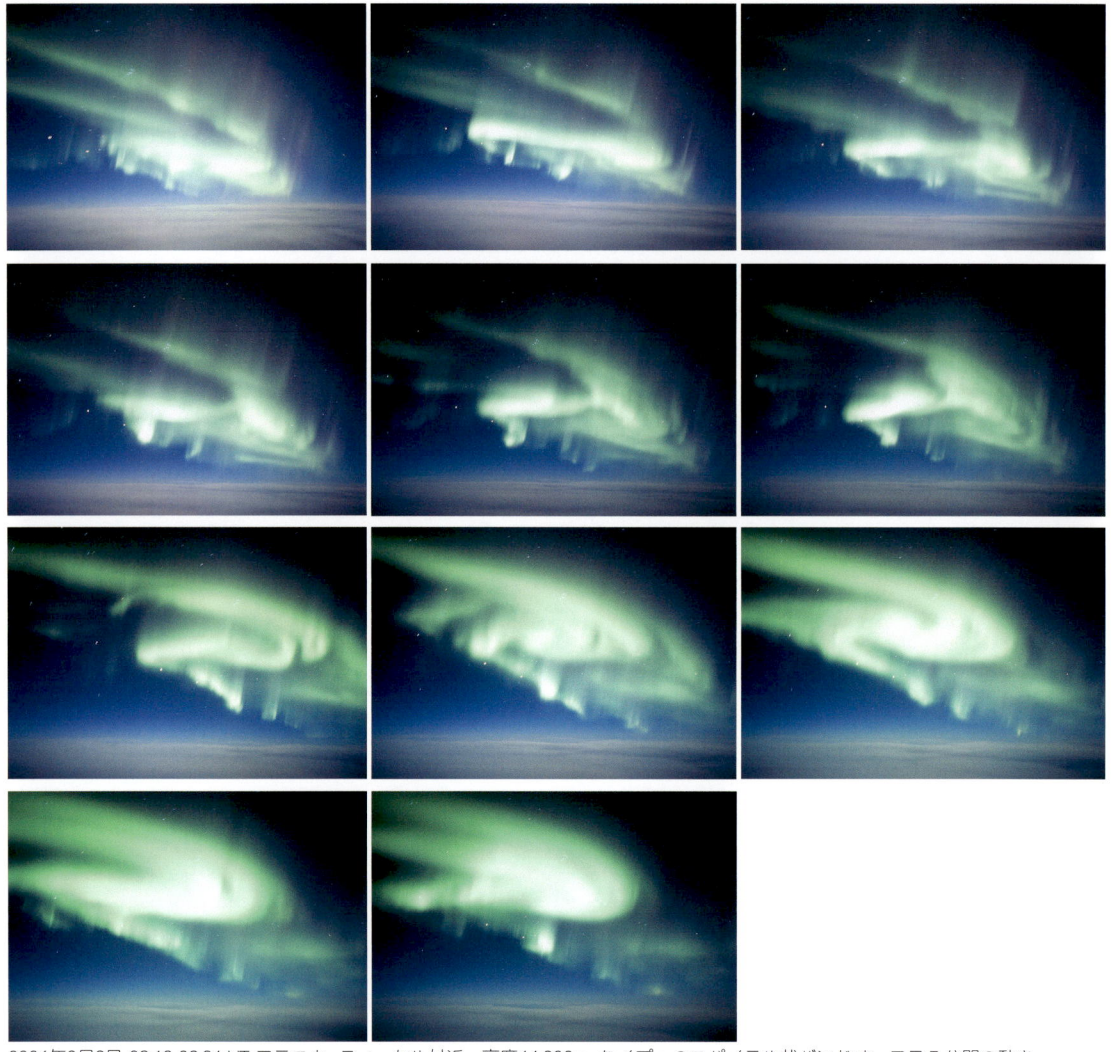

2001年9月3日 08:16-08:21 UT アラスカ ティーケル付近，高度11,300m タイプcのスパイラル状バンドオーロラ5分間の動き．（写真左から右へ，上から下へ）

原子 Atom

　原子とは，物質を構成する最小の粒子で，プラスの電気を帯びた原子核があり，その周りをマイナスの電気を帯びた電子が回り，原子核と電子の電磁気的な結びつきで構成される．たとえば，水素原子は陽子と呼ばれる1個の原子核があり，その原子核の周りを1個の電子が回っている．また水素以外の原子の原子核は，その原子番号と同数の陽子（窒素原子は7個，酸素原子は8個など）が中心にあり，陽子と電子の数が同数の場合は電気的に中性となり，電子の数が陽子の数を上回るときはマイナスイオン，下回るときはプラスイオンとなる．さらに，原子核は陽子と中性子（電気的に中性の粒子．水素の場合は中性子を含まない）から構成されている．オーロラの光は，原子や分子がオーロラ粒子と衝突し，強制的に受けとったエネルギーを，光子として放出するために発光するものである．

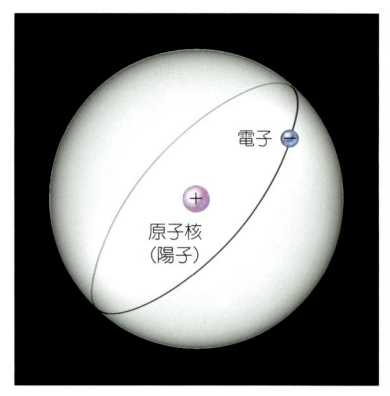

水素原子の模式図．1個の原子核（陽子）の周りを1個の電子が回っているが，特定の軌道を周回するのではなく，原子核を包む球殻状を描くような複雑な運動をしている．また，原子や陽子の大きさは軌道半径に比較し，ひじょうに小さいため拡大して描いている．

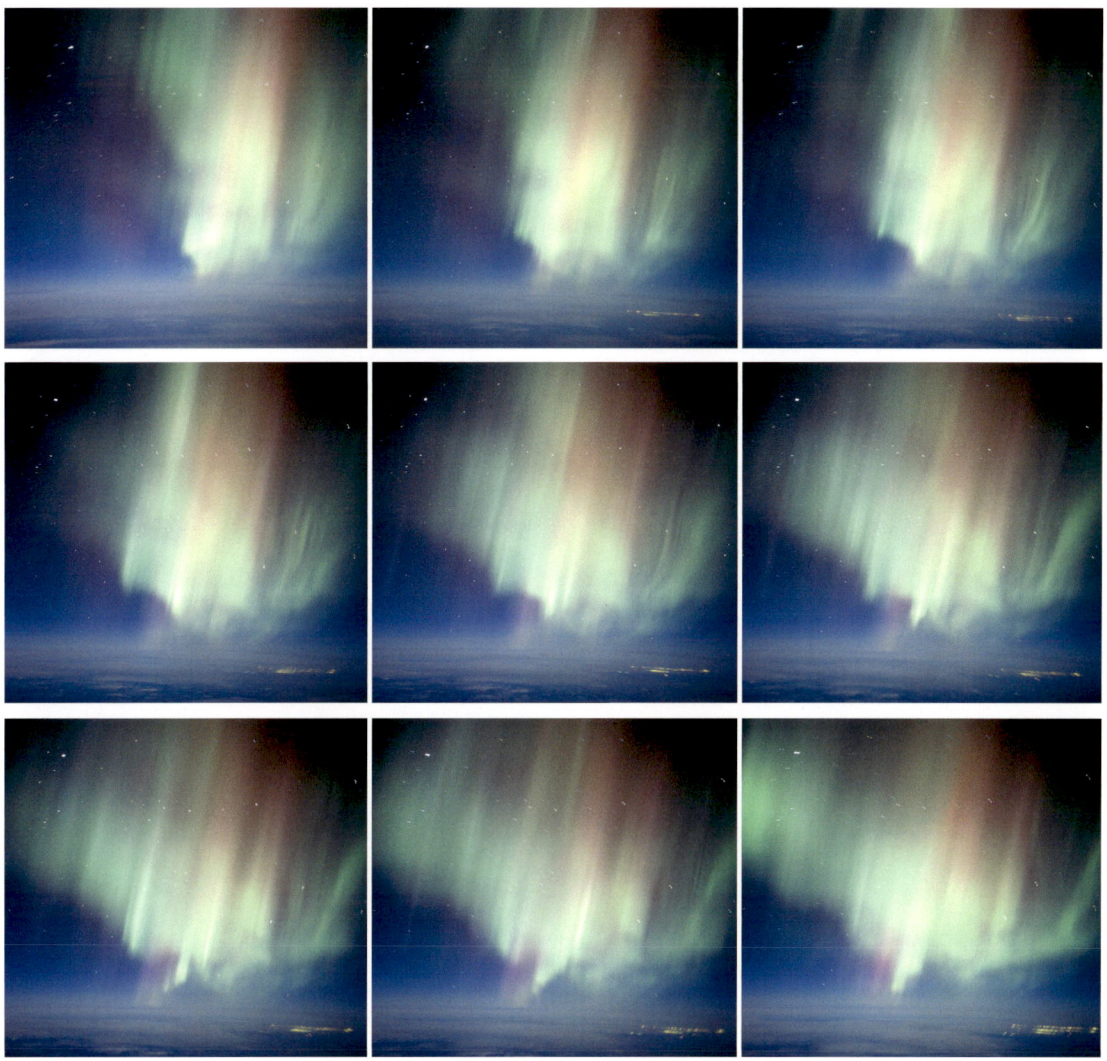

2002年3月24日 20:26 - 20:29 UT ロシア ベロモルスク付近,高度10,100m タイプaのバンドオーロラ3分間の動き.
(写真左から右へ,上から下へ)

電離と励起 ionaization and excitation

　酸素原子は,8個の陽子と8個の中性子からなる原子核の周りを,低い軌道の2個の電子と,高い軌道を回る6個の電子から構成されており,電気的に中性で安定した状態にある.安定した状態の酸素原子に,あるエネルギーをもったオーロラ粒子（おもに電子）が衝突し,いちばん外側の電子をはじき飛ばした状態を電離といい,マイナスの電荷（電子）を失い電離状態となった原子はプラスの電気を帯びるためプラス・イオンとなる.一方,衝突で一定のエネルギーを受け取り,一番外側にいた電子がさらに外側の高い軌道に飛び移った状態を励起といい,励起状態となった電子は不安定であり,エネルギーのより低い安定軌道に戻ろうとする.低い軌道に乗るにはエネルギーを放出する必要があり,そのときに放出するエネルギーが固有の波長をもった光子であり,それがオーロラの光なのである.

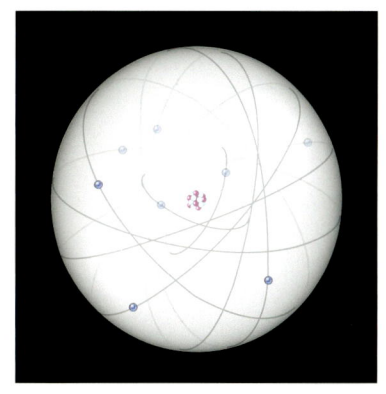

酸素原子の模式図.中心に8個の陽子と8個の中性子が結びついた原子核があり,その周りを低い軌道で回る2個の電子と一段高い軌道を回る6個の電子で構成される.原子核と電子の大きさは拡大して描いている.

2002年3月24日 20:21 UT　N63.6/E033.8 33,000′ ロシア　ベロモルスク付近, 高度10,000m　バンドオーロラ

Minolta α-7
Minolta 35mm/F1.4
F1.4 20s
Provia 400F RHPⅢ
Push to +1

プラズマ　plusma

　プラズマとは，プラスの電荷をもつ電離した原子または分子と，マイナスの電荷をもつ電子の混合からなる気体で，電離ガスともいう．たとえば水素原子の場合，原子核となる1個の陽子（＋）が，その周囲を回る1個の電子（－）を引きつけた状態（中性水素）で存在しているが，温度がじょじょに上昇して，やがて数千度の高温に達すると，電子は陽子から離脱し自由に飛びまわれる状態となる．これを電離（イオン化）という．この自由になった電子（自由電子）と陽子が同数入り交じったガスをプラズマという．太陽風をはじめ恒星の内部や星雲など，宇宙に存在する物質のほとんど，さらに電離層などもプラズマ状態として存在している．

明るい星はオリオン座三つ星の一番左の星ζ（ゼータ）星．その左はオリオン座散光星雲（星雲中の黒い部分は暗黒星雲）．また写真中央に暗黒星雲で有名な「馬頭星雲」が見える．全体に赤く輝くガスは電離した水素ガスの領域（HⅡ領域）．これらの物質はすべてプラズマ状態にある．

64　はっきりとしたオーロラ

2004年11月12日 09:17 UT　N64.3/W126.6 37,000′ カナダ ノーマン・ウェルズ付近，高度11,000m　スパイラル状オーロラ

Minolta α-7
Minolta 35mm/F1.4
F1.4 15s
Provia 400F RHP Ⅲ
Push to +1

オーロラ・スパイラル　auroral spiral

　オーロラの渦の直径が2～10kmのものをカールというが，さらに規模が大きく直径20～1,500kmほどの渦巻きをスパイラルといい，オーロラの活動が活発になるほどその規模は大きくなる．北半球において，地上からスパイラルの渦を眺めた場合，反時計方向に回転し，南半球ではその逆の時計回りとなる．また，カールとスパイラルは，そのスケールの違いから呼称が変化する．写真は，渦の直径が約300kmにおよぶスパイラル．これは，東京・名古屋間の距離に相当する巨大な渦である．

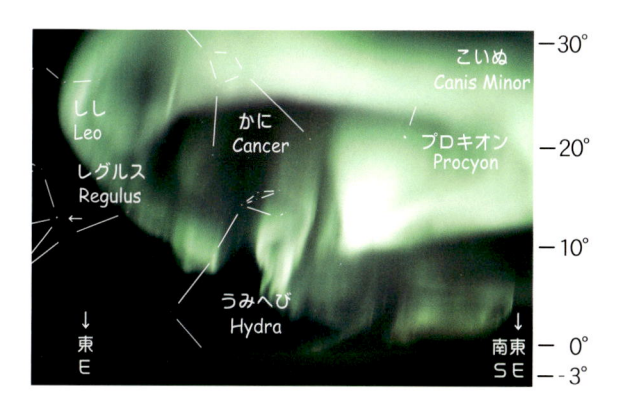

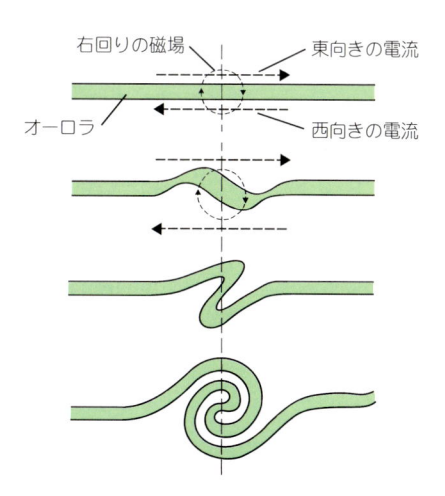

こいぬ Canis Minor
しし Leo
かに Cancer
プロキオン Procyon
レグルス Regulus
うみへび Hydra
↓東 E
↓南東 SE

右回りの磁場　東向きの電流
オーロラ　西向きの電流

　スパイラルの形成過程．オーロラの北側には東向きの電流が流れ，南側には西向きの電流が流れるため，その電流が右回りの磁場を誘起する．こうした磁場の動揺が渦を作り，そして発達したものがスパイラルとなる．（Hallinan, 1976の図を改変）

2001年11月17日 21:54 UT　N65.0/E065.0　33,100′ ロシア ボルクタ付近，高度10,100m　タイプaのバンドオーロラ

Minolta α-7
Minolta 35mm/F1.4
F1.4 20s
Provia 400F RHPⅢ
Push to +1

レイリー散乱　Rayleigh scattering

　活動の穏やかなオーロラが消え，ベール状オーロラが夜空一面を覆うロシアのボルクタ近郊に，ふたたび現れた赤色の強いバンド状オーロラ．地磁気北極方向に伸び，緩やかな動きをしたあと30分ほどで消滅した．本来，緑色のカーテンの裾が黄色やオレンジ色に見えるのは，光が地平線近くの大気層を長く通過する間に，空気中の分子により赤色側以外の光が散乱を受けるために起こり，これをレイリー散乱という．レイリー散乱現象は，朝焼けや夕焼けが赤く見えたり，また，昼間の空が青く見える（青い光がもっとも散乱されやすいために起こる）など身近な現象でもある．オーロラの仰角が上がるにつれ，カーテン下部は本来の緑色に見えてくる．

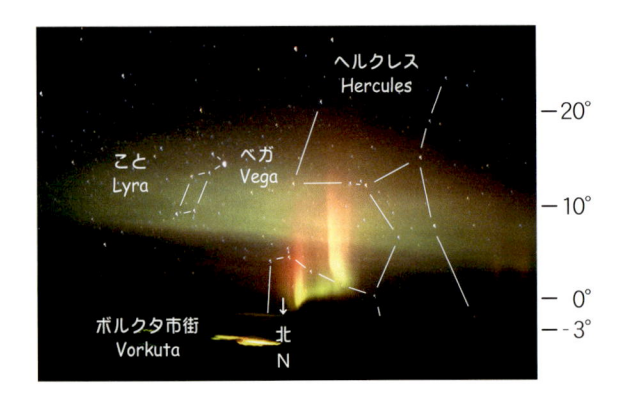

2001.11.17 20:18 UT　N60.4/E040.0 33,100′
レイリー散乱現象により，緑色のカーテンの裾が黄色く見える．

66　はっきりとしたオーロラ

エネルギー準位と遷移 energy level and energy transition

オーロラの光は，大気中の原子や分子が，固有の波長（振動数）の光を放射したもので，その波長は，電子のエネルギー準位（電子はある飛び飛びの固有のエネルギー軌道にしか存在できない）の差により決定される．そのためオーロラの光は太陽光のように無数の色とはなりえない．この電子の性質を利用し，光の輝線スペクトルから逆に光を放出する原子や分子の種類・構成比を知ることもできる．

Minolta α-7
Minolta 35mm/F1.4
F1.4 20s
Provia 400F RHP III
Push to +1

2001年3月23日 09:12 UT N62.9/W134.0 37,000' カナダ メーヨー付近, 高度11,300m
タイプaのバンドオーロラ

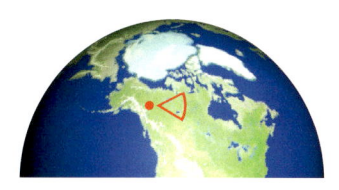

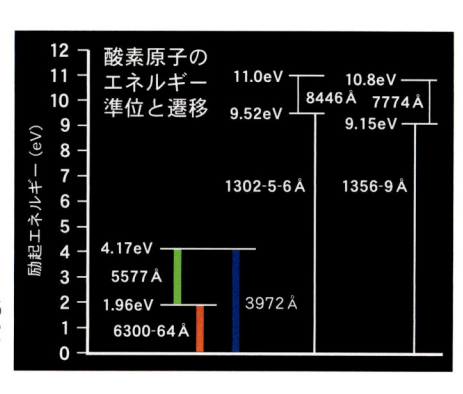

横線はエネルギー準位を，縦線は遷移から放射される輝線の波長をあらわす．オーロラによく見られる緑色と赤色は，酸素原子の一次と二次励起状態からの遷移時に放射された5577Åと6300Å（6364Åを含む）の輝線（光）である．

2002年10月31日 10:17 UT N62.6/W116.0 37,000′ カナダ イエローナイフ上空,高度11,300m タイプaのバンドオーロラ

Minolta α-7
Minolta 35mm/F1.4
F 1.4 20s
Provia 400F RHP III
Push to +1

オーロラ・カーテンのひだ

　オーロラがひだを巻く理由は，カーテンの南側には北向きの電場が存在し，また，北側には南向きの電場が存在するため，プラズマは電場と磁場の直角方向へ流れ，カーテンの南側では西へ，北側では東へとカーテンを境にプラズマの逆流が起こる．その結果生じた渦がカーテンのひだである．ひだの形状や動きはオーロラ活動の度合いを反映し，ときには激しく変化する．写真中央の丸い光は，長時間露光により満月のように見える月齢25（輝く部分が26％）の月．月明かりにかすむオーロラがイエローナイフの夜空を飾る．

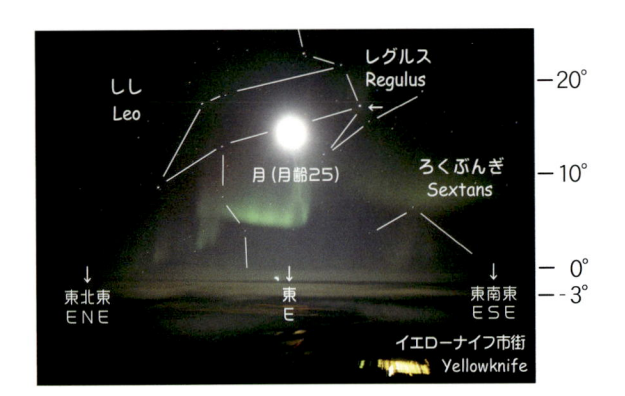

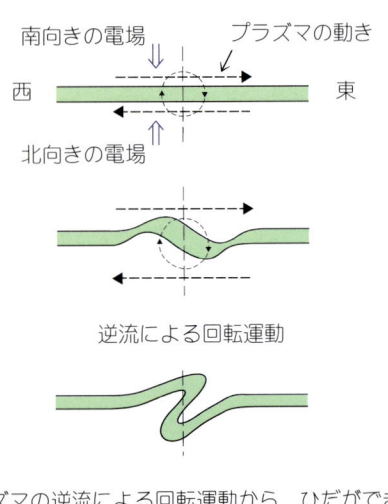

プラズマの逆流による回転運動から，ひだができるようす．（Hallinan, 1976の図を改変）

68　はっきりとしたオーロラ

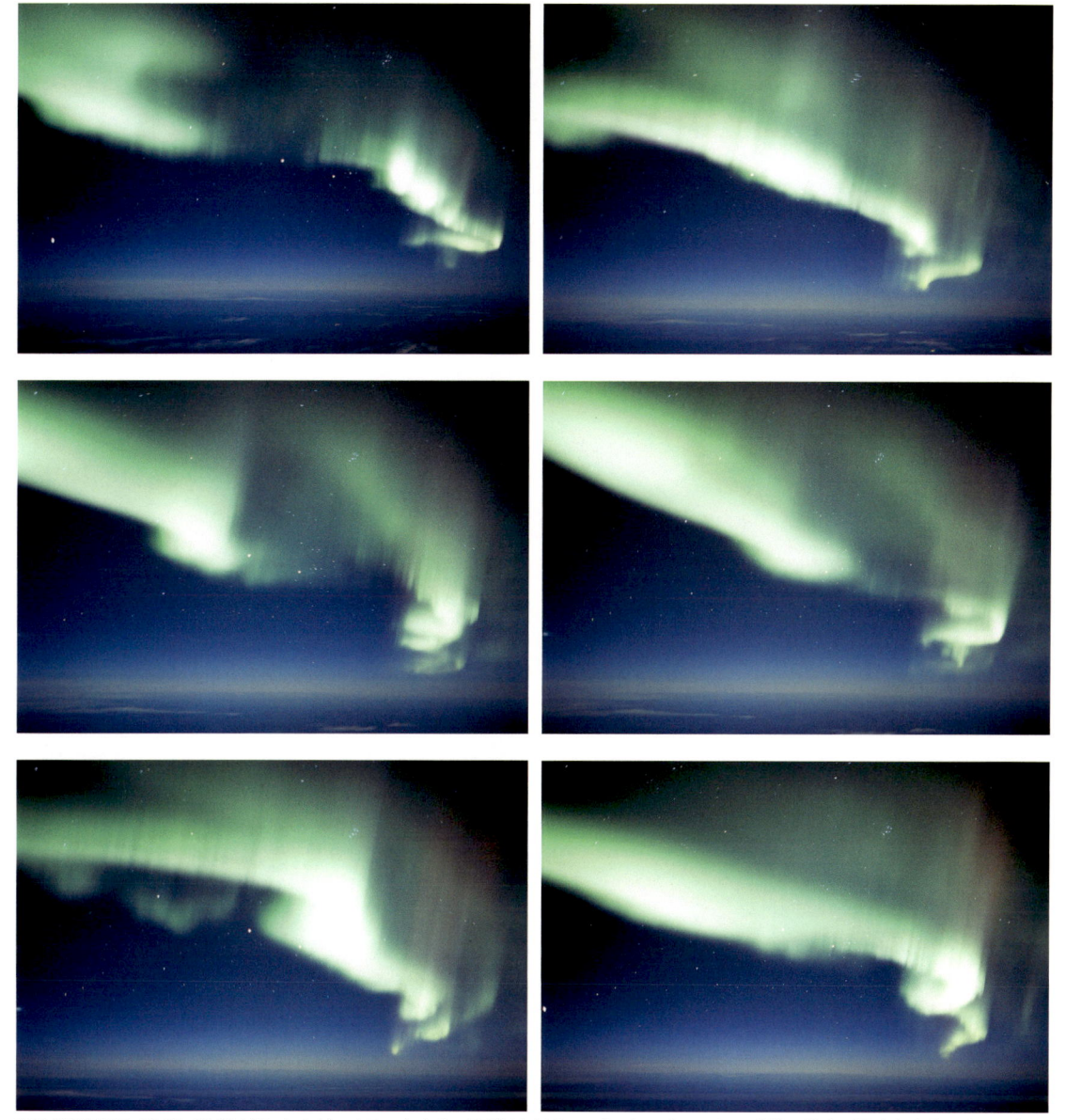

2001年9月3日 08:30-08:35 UT　カナダ　ベアー山上空，高度11,300m　バンド・オーロラ5分間の動き（写真左上から右下へ）

電光の蛇

　オーロラに関する文献は古く8世紀頃から現れており，その発生のメカニズムが解明されるまで，オーロラの出現は不吉なことの前兆として人々に恐れられていたという．当時，中緯度や低緯度に住む人達が見られるような活発なオーロラは，激しい太陽活動の影響により発生したオーロラと推測され，恐らく空一面が大火事や流血のごとく真っ赤に染まったであろうし，その光景から恐怖や畏敬の念を抱いたものと想像される．また，その頃の人々の間ではオーロラの色や形態を，視覚による印象からさまざまな事物にたとえ，たいまつや炎，長槍，剣，そして龍や金鉱から立ち上る金の蒸気など，ときには「電光の蛇」と形容されることもあった．それは写真のようなものであったろうか．

2002年3月24日 20:29 UT　N64.4/E035.9 33,000′ フィンランド タンペレ上空，高度10,000m タイプaのオーロラ

レイ　ray

　東西方向に連なる光の筋が，南国のライン・スコールを思わせる美しいバンドオーロラ．筋状に見える光は，カーテンの一部が巻き込み運動により何層も重り合った結果，周囲より明るい縦縞模様として見えているもので，これをレイという．オーロラの動きはとてもすばやく，これほど広範囲のレイが静止したように鮮明に見られるのはまれな現象である．オーロラの明るさは，ろうそくの炎を5m離れた距離から見るほど暗いものであるが，それが幾重にも重なると肉眼でも明瞭に見える明るさになる．写真の空全体が昼間のように明るく青く見えるのは，月明り（太陽光の月面反射）と長時間露光による効果．

Minolta α-7
Minolta 35mm/F1.4
F1.4 15s
Provia 400F RHP III
Push to +1

2002年3月24日 20:33 UT フィンランド・タンペレ上空．レイ構造が美しい2重のバンドオーロラ．時間が止まってしまったように，長時間静止していた．

2001年3月23日 08:58 - 09:04 UT　カナダ スチュワート・
リバー付近，高度11,300m　タイプaのバンドオーロラ．
（写真左から右へ，上から下へ）

赤いカーテン

　ぼんやりとしたディフューズオーロラの一点から，音もなく舞い降りる一筋の光．その光に誘われるように次々と流れ落ちる光の筋が，瞬く間に色鮮やかなカーテンを織り上げる．一晩に，オーロラ活動が複数回繰り返されるときは，ひときわ美しく印象深いオーロラに出合うことが多い．写真はカナダ北西準州上空で見る，タイプaのバンドオーロラが出現するまでの6分間のようす．

2005年2月23日 09:53 UT N62.1/W124.1 35,000′ カナダ リグリー付近，高度10,700m タイプaのバンドオーロラ

Minolta α-7
Minolta 35mm/F1.4
F1.4 20s
Provia 400F RHP III
Push to +1

満月下のオーロラ

　満月の月明かりに照らされ昼間のようなカナダ上空，無数の星の存在で夜であることがわかる．満月の強烈な月明かりにオーロラのコントラストが減少し，明るい部分がかろうじて視認できるバンド・オーロラ．適度な月明かりは周囲の景色を照らし，地上からの撮影には好都合であるが，オーロラ観賞には大きな障害となる．右図は，アラスカ・フェアバンクスにおける2012年1月の闇夜と月明りの夜の早見表であるが，日没から日の出まで完全な闇夜の日は，1ヵ月の内わずか7日間といがいに少ない．

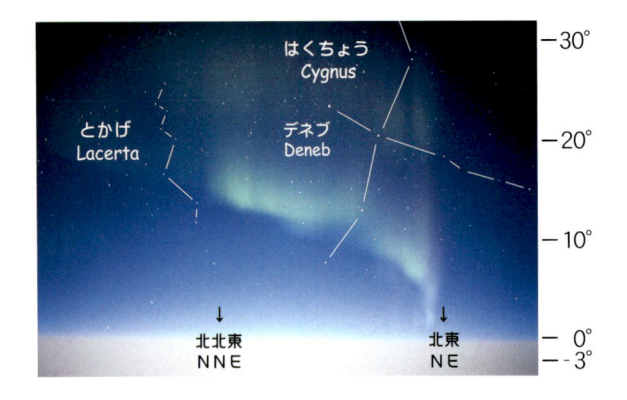

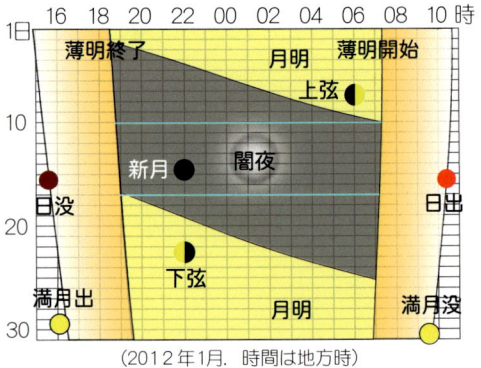

アラスカ，フェアバンクスにおける月明かり（黄色）と闇夜（灰色）の早見表．完全な闇夜の日は，水色線の中の7日間ほどである．

72　はっきりとしたオーロラ

コロナオーロラ
coronal aurora

　コロナオーロラとは，オーロラを真下から見上げたとき，オーロラの光の筋が磁気天頂を中心に放射状に広がった状態をいう．空の一点から，四方八方に伸びるオーロラの光に囲まれると，まるで自分の身体が宇宙へ吸い込まれていくような錯覚にとらわれる神秘的な光景である．

　航空機の機内からコロナオーロラの体感は困難であるが，機体がオーロラの真下に差しかかると，機体全体がオーロラに包まれ，あたかもオーロラの中を飛行しているような感覚となる．写真は，オーロラの真下から東の方向，仰角50度付近までの光景．

Minolta α-7
Minolta 35mm/F1.4
F1.4 20s
Provia 400F RHP III
Push to +1

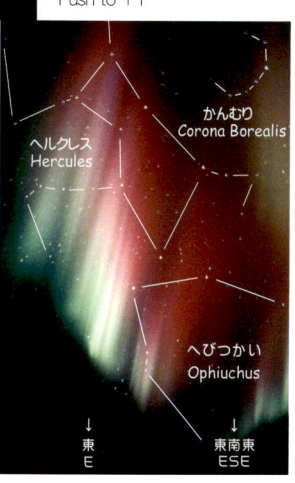

2001年3月23日 09:18 UT N62.7/W131.9 37,000′ カナダ ロス・リバー付近，高度11,300m

磁気天頂を中心に放射状に広がるコロナオーロラ（アイスランド）．
（提供：国立極地研究所）

かんむり Corona Borealis
ヘルクレス Hercules
へびつかい Ophiuchus
↓ 東 E
↓ 東南東 ESE

バンド状オーロラ　73

2001年 3月23日 07:23 UT N60.1/W164.6 37,000′ アラスカ キプヌク付近，高度11,300m 強調オーロラ

Minolta α-7
Minolta 35mm/F1.4
F1.4 15s
Provia 400F RHP III
Push to +1

強調オーロラ　enhanced aurora

　強調オーロラとは，まれに，オーロラカーテンの裾付近に，周囲と比較して異常に明るい縞模様が水平方向に現れるオーロラのことをいう．通常見られるオーロラは，ある程度のエネルギーの幅をもった粒子による励起のため，その出現高度は，下辺の100km付近から，上限は500km以上とひじょうに高度差のある背の高いカーテン状となる．しかし，強調オーロラの場合は，ある一定のエネルギー幅の揃った粒子による発光現象のため，その出現高度の幅は狭く，背の低いカーテンとして見えるものである．

かんむり
Corona Borealis
−20°
−10°
← 強調オーロラ
　　enhanced Aurora
−0°
−−3°
ヘルクレス
Hercules
↓
北東
NE

2001. 3. 23 07:29 UT N61.1/W159.6 37,000′
強調オーロラ．

74　はっきりとしたオーロラ

2001年1月13日 09:32 UT N62.5/W128.3 37,000′ カナダ ロス・リバー付近，高度11,300m N-Sオーロラ

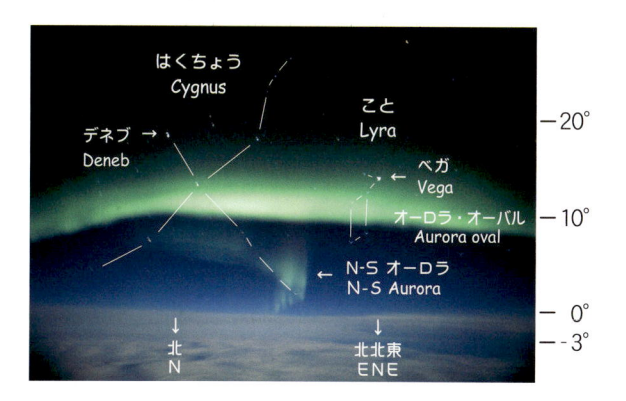

Minolta α-7
Minolta 35mm/F1.4
F1.4 15s
Provia 400F RHPⅢ

N-Sオーロラ　N-S aurora

　N-Sオーロラは，オーロラカーテンの方向が地磁気座標の南北方向を向き，オーロラ・ブレークアップ直前や直後に出現することが多い．写真に見られるようにN-Sオーロラの端は，緩やかにカーブを描きながら東西方向のオーロラと並行する．一方，N-Sオーロラとは別に，極冠域（オーロラ・オーバルの内側領域）に，磁気子午線（地磁気北極と地磁気南極を結んだ地球表面上の線）の真夜中と太陽を結ぶ線上に現れる大規模なオーロラに極冠オーロラがある．極冠オーロラは，惑星間空間磁場が北向きで磁気圏が静穏なときに出現する傾向にあり，また，高高度から見た形がギリシャ文字のΘ（シータ：Theta）に似ていることからシータ・オーロラとも呼ばれる．

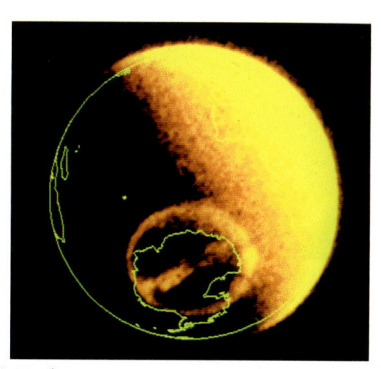

人工衛星ダイナミクス・エクスプローラー１号がとらえた南極大陸上空の極冠オーロラ．地球右半球の黄色い部分は昼間の領域．
（提供：L. A. Frank/アイオワ大学）

バンド状オーロラ　75

2001年5月9日 08:29 UT N61.0/W150.1 37,000′ アラスカ アンカレッジ上空，高度11,300m 白夜に見るバンドオーロラ

Minolta α-7
Minolta 35mm/F1.4
F1.4 15s
Provia 400F RHP Ⅲ

白夜のオーロラ

　オーロラは，荷電粒子が磁力線沿いに環状となり極域の電離圏に降り込み発光する現象であるため，地球の昼間側にもオーロラは発生する．しかし，微弱なオーロラの光は強烈な太陽光に埋もれ，見ることはできない．高緯度地域の白夜の季節もまた夜空が明るくオーロラ鑑賞は困難となる．北半球の北極圏およびその周辺においては4月中旬～8月中旬頃までがその時期にあたる．しかし，まれに白夜の明るい夜空にも負けず姿を現わす活発なオーロラもあり，そのようなときのオーロラは，色の抜けた白っぽい帯状の雲のような形に見える．

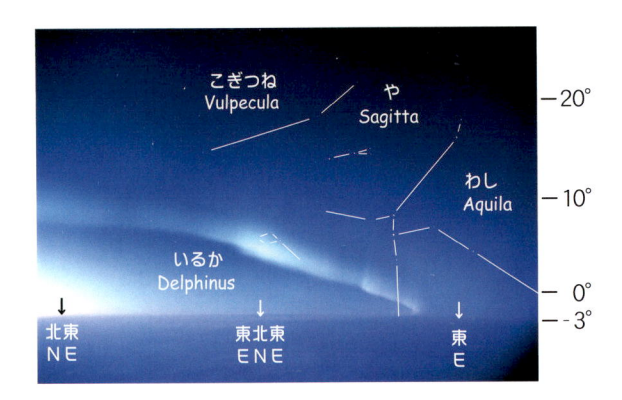

2001年5月9日 08:49 UT アラスカ コルドバ上空，高度11,300m．上部の赤色がわずかに確認できるタイプaのバンドオーロラ．

76　はっきりとしたオーロラ

2003年5月6日 09:01 UT N61.2/W132.3 37,000' カナダ ジョンソンズ・クロッシング付近，高度11,300m 白夜中のオーロラ

Minolta α-7
Minolta 35mm/F1.4
F1.4 15s
Provia 400F RHPIII

真昼のオーロラ

　磁気緯度77度付近に位置し，昼間でも暗い場所であれば真昼のオーロラを見ることはできる．その条件を満たす場所として，北半球では冬至の頃のノルウェー領スバールバル諸島他，南半球では，夏至の頃の南極大陸の極点付近などがある．極地に見られる真昼のオーロラは，カスプ（磁気境界面上で磁力線が一点に集まる領域．30頁参照）と呼ばれる極域上空の磁力線の隙間から直接進入してくる太陽風粒子による発光のため，高度200km付近の630.0nmの赤色が強いなどの特徴をもつ．科学的に貴重な研究対象となり，世界各国の科学者がスバールバル諸島で活動している．

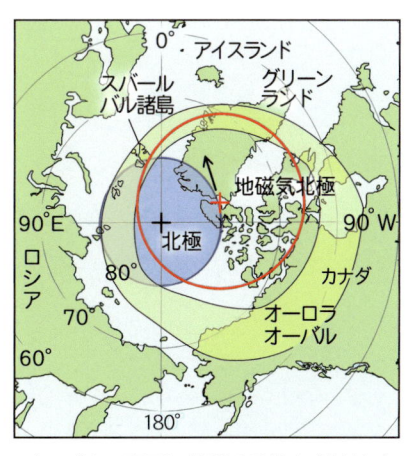

真昼のオーバルの真下に位置する地点（赤線）と，冬至の頃の昼間にほとんど太陽光の届かない地域（青色の円：北緯80度以北）．それらの条件を満足する地域はスバールバル諸島になる．黒矢印は太陽の方向．

バンド状オーロラ　77

はっきりとしたオーロラ

光の魔術師

2001年9月3日 08:13 UT　アラスカ　バルディーズ付近，高度 11,300m
巻き込み運動が紡ぐドレープカーテン．

月とオリオンと北極光

2004年10月8日 08:26 UT　アラスカ　ガルカナ付近，高度 10,700m
東（写真右端）の地平線から昇るオリオンの三つ星．

北極圏の夜空を彩る光のカーテン

2002年3月24日 20:50 UT　ロシア　アルハンゲリスク付近，高度 10,100m
レイ構造が鮮やかな，タイプ a のバンドオーロラ．

Diffuse Aurora
2. ぼんやりとしたオーロラ

オーロラの形が見た目にはっきりとせず，暗く，全体的にぼんやりとしたタイプのオーロラ．真夜中すぎから朝方にかけて，ディスクリート・オーロラ（はっきりとしたオーロラ）の低緯度側に出現することが多く，トーチ状オーオラ，ベール状オーロラ，周期的に明滅する脈動オーロラなどがある．また一部，真夜中すぎに見られる特徴のあるはっきりとしたオーロラも含めている．

2004年9月17日 09:11 UT N61.3/W136.1 37,000' カナダ ホワイトホース付近, 高度11,300m スパイラル状オーロラ

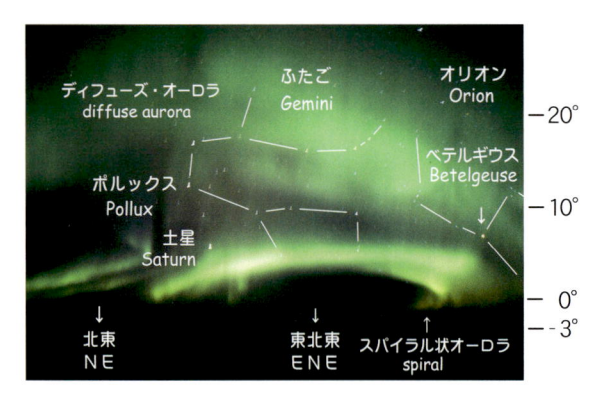

Minolta α-7
Minolta 35mm/F1.4
F1.4 20s
Provia 400F RHP III
Push to +1

真夜中すぎのオーロラ

　磁気地方時の真夜中から朝方にかけての領域には，夕方側とはかなり形態の異なるオーロラが出現する．ぼんやりと夜空を広く覆うような形のディフューズオーロラやギリシャ文字のオメガ（Ω）の形に似たオメガバンド，また，たいまつの炎のようなトーチ状オーロラ（82頁参照），さらに，パッチ状で明滅を繰り返す脈動オーロラ（83頁参照）等，いずれも夕方側のオーロラに比べて，暗く，緩やかな動きを繰り返しながら東へ移動する傾向がある．写真はブレークアップ後に見られる，低緯度側のディフューズオーロラ（写真上部）と，高緯度側（写真下部）の磁極方向に開口しているスパイラル状オーロラ．

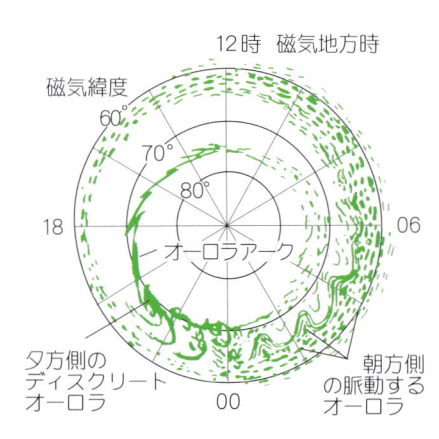

地磁気活動擾乱時のオーロラ形態別分布．磁気地方時の真夜中付近を境に，夕方側と朝方側では異なる形態のオーロラが分布する．（Oguti, 1981の図を改変）

80　ぼんやりとしたオーロラ

ディフューズオーロラ diffuse aurora

　1970年代，人工衛星による極地のオーロラの全体画像が得られるようになると，アークオーロラやバンドオーロラの低緯度側に，ぼんやりとした拡散型のオーロラ領域の存在が判明した．これをディフューズ（拡散状，ぼんやりとした）オーロラと名づけ，それに対し，アークオーロラやバンドオーロラなどのように見た目の形がはっきりとしたオーロラをディスクリート（離散状，はっきとした）オーロラと呼ぶようになる．

　写真は，ホワイトホース近郊上空のディフューズオーロラ．暗く掴みどころのない形態が特徴である．

Minolta α-7
Minolta 35mm/F1.4
F1.4 20s
Provia 400F RHP III
Push to +1

2003年3月15日 09:15 UT N61.2/W132.8 37,000′ カナダ ホワイトホース付近，高度11,300m
ディフューズオーロラ

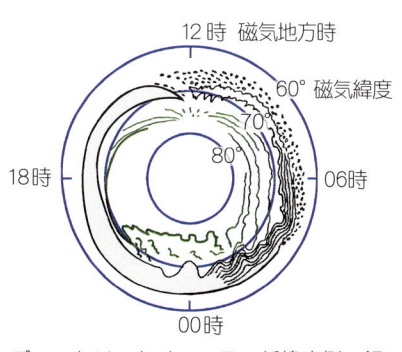

ディスクリートオーロラの低緯度側の領域に見られるディフューズオーロラ（灰色の領域）．（Akasofu, 1981bの図を改変）

2004年9月17日 09:26 UT　N61.3/W135.5　37,000′　カナダ　ホワイトホース付近，高度11,300m　トーチ状オーロラ

Minolta α-7
Minolta 35mm/F1.4
F1.4 20s
Provia 400F RHPⅢ
Push to +1

トーチ状オーロラ　auroral torch

　めらめらと炎が燃えあがるようなオーロラは，トーチ状オーロラと呼ばれ，磁気地方時の真夜中すぎから朝方側にかけて見られるオーロラ．その内部には脈動（明滅する）領域と非脈動領域が存在し，脈動領域には周期5～10秒程度の明滅を繰り返しながら，ストリーミング（輝度の高い部分が，筋状のオーロラに沿って流れる）と呼ばれる特異な運動を繰り返す筋状のオーロラや，形の拡大、縮小を反復するパッチ状のもの，幅の広い切れぎれのアーク，また，ほとんど静止したように明滅を繰り返すパッチなど，トーチ状オーロラの中には多様な形態のオーロラが混在している．

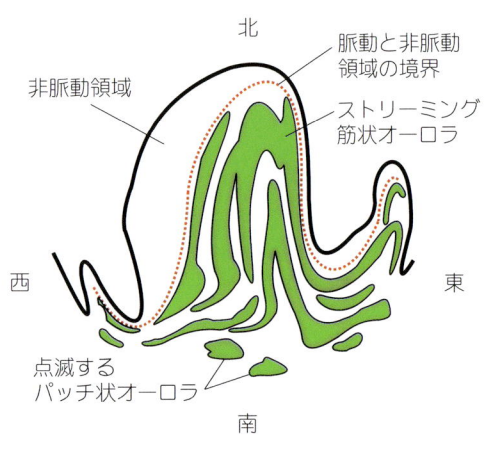

トーチ状オーロラの内部構造．脈動領域の中には，夕方側のオーロラとは異なる複雑な形態のオーロラが多く存在する．（Oguchi, 1981の図を改変）

82　ぼんやりとしたオーロラ

2001年11月8日 22:43 UT N65.9/E082.1 36,400' ロシア タルコ・サレ付近，高度11,100m 脈動オーロラ

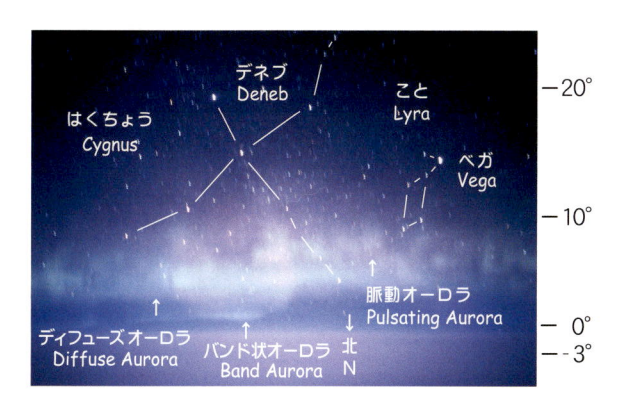

Minolta α-7
Minolta 35mm/F1.4
F1.4 20s
Provia 400F RHP III
Push to +1

脈動オーロラ pulsating aurora

　やや不鮮明であるが，写真の地平線近く（高緯度側）から上部（低緯度側）に向かい，バンド状オーロラ，ディフューズオーロラ，そして，積雲状の脈動オーロラの3種類のオーロラが見られる．脈動オーロラは，ディフューズオーロラの中でも，数秒から数分の周期で明滅を繰り返す特徴をもち，非脈動オーロラとは区別される．また，輝度が低く地上からの目視による観測は困難であるが，成層圏から見る脈動オーロラは，その明滅するさまがあたかも夜空を照らすイルミネーションのようで，不思議な感覚にとらわれる．また，パッチ状の塊が広く散在するようすから「放牧された羊の群れ」と形容されることもある．

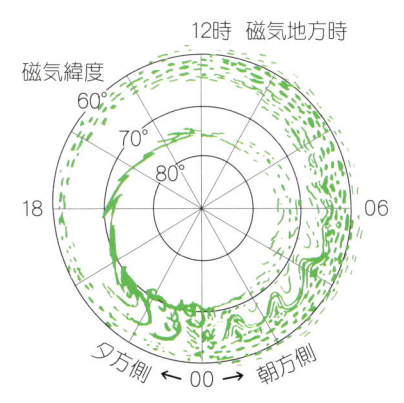

オーロラ嵐最盛期のオーロラの形態別分布．磁気地方時の真夜中をすぎた朝方側には，高緯度側から低緯度側に向け，バンド状オーロラ，ディフューズオーロラ，そして脈動するパッチ状のオーロラが分布する．（Oguti, 1981の図を改変）

2002年3月12日 22:52 UT　N61.0/E046.1 33,100′ ロシア　コトラス付近，高度10,100m　パッチ状の脈動オーロラ

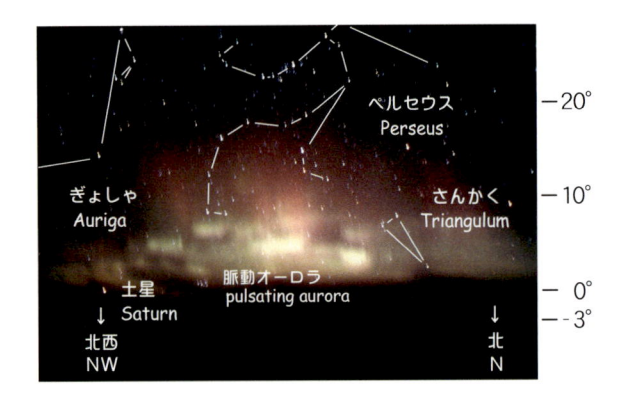

Minolta α-7
Minolta 35mm/F1.4
F1.4 20s
Provia 400F RHPⅢ
Push to +2

脈動オーロラの高度　altitude of pulsating aurora

　ディスクリートオーロラの発光高度は80〜300kmであるが，脈動を伴わないディフューズオーロラの発光高度は約120〜300kmで，上限高度が不明瞭なシート状である．それに比べ脈動オーロラの発光高度は80〜120kmと低く，高度幅は20〜30km程度である．それぞれの粒子の到達下辺高度から，オーロラを励起する電子のエネルギー強度が求められ，ディフューズオーロラの電子エネルギーは約1キロ電子ボルトで，脈動オーロラは30〜50キロ電子ボルト程度である．また，ディスクリートオーロラは降り込み電子が途中で加速を受けるため数キロ電子ボルトにピークがある．

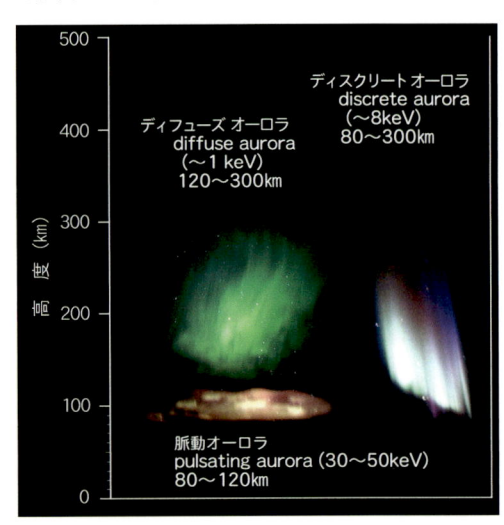

降り込み電子のエネルギー強度と種類別オーロラの発光高度の関係．

84　ぼんやりとしたオーロラ

2003年10月6日 12:01 UT N63.3/W126.4 37,000' カナダ リグリー付近,高度11,300m 朝方のディスクリートオーロラ

Minolta α-7
Minolta 35mm/F1.4
F1.4 20s
Provia 400F RHP Ⅲ
Push to +1

太陽系惑星のオーロラ

　オーロラは，荷電粒子流と固有の磁場，それに大気の相互作用であり，この3要素を満たせば地球以外の惑星にも，オーロラ発生の可能性はある．右表は，地球以外の太陽系惑星について，磁場と大気の存在を一覧表にしたものである．木星や土星のオーロラはハッブル宇宙望遠鏡などの撮影画像で早くから知られており，天王星，海王星にもボイジャー2号の観測によりオーロラの存在が確認されている．さらに，火星探査機マーズ・エクスプレスの観測データを解析した結果，火星に紫外線による発光の痕跡が確認されたというニュースも伝えられている．

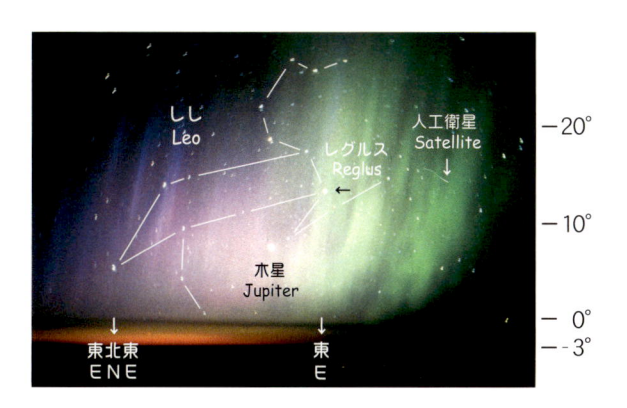

惑星		磁場	大気	オーロラ
水星		○	×	×
金星		△ 微弱	○	×
火星		△ 微弱	○	△
木星		○	○	○
土星		○	○	○
天王星		○	○	○
海王星		○	○	○

太陽系惑星のオーロラ一覧表．表中の惑星像の大きさは，ほぼ同一に揃えている．

85

2004年10月8日10:10 UT　N62.2/W112.7　37,000′　カナダ　イエローナイフ付近，高度11,300m　朝方のバンドオーロラ

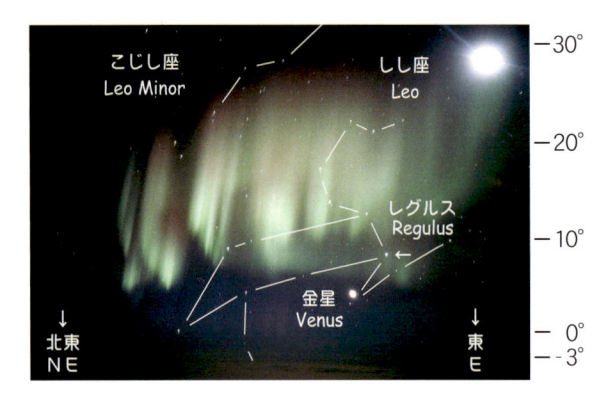

Minolta α-7
Minolta 35mm/F1.4
F1.4 20s
Provia 100F RDP III
Push to +2

5577Å　5577 Angström

　突如舞い降りてきた緑色の鮮やかなバンドオーロラ．この緑色が酸素原子の波長5577Å（オングストローム：557.7nm）の発光であることを発見したのは，スウェーデンの物理学者アンデルス・オングストローム（1814－1874）である．しかし彼は，それまで判明していた原子や分子の中に，緑色の発光するものを実験で見つけだすことはできなかった．それは，酸素原子が励起後，緑色の光子を放出するまでの間に0.74秒の時間を必要とし，実験ではその間に他の粒子や放電管の壁との衝突によりエネルギーを喪失し，発光にいたらなかった．発光が酸素原子の光であることを実験で証明できたのは，彼の死後50年も経たのちのことである．

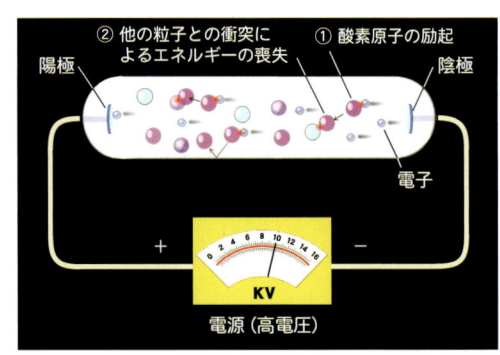

　オングストロームの実験装置の真空度では，酸素原子が，陰極から飛び出した電子により励起（図①）したあと，緑色の光子を放出するまでの間に，他の粒子やガラス管の壁との衝突（図②）によりエネルギーを喪失し，発光にいたらなかった．

86　ぼんやりとしたオーロラ

2003年10月6日 11:11 UT UT N62.9/W141.6 37,000′ アラスカ ノースウェー上空，高度11,300m 朝方側のオーロラ

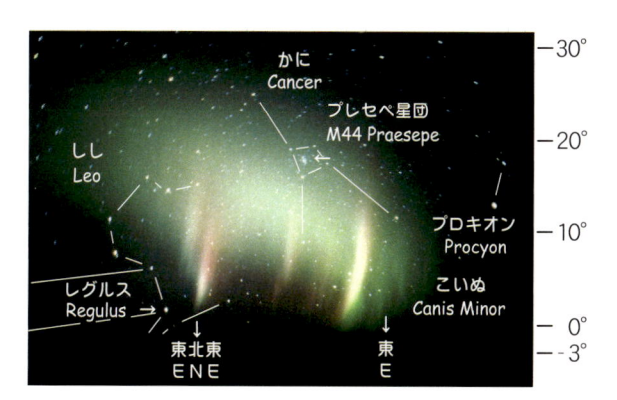

Minolta α-7
Minolta 35mm/F1.4
F1.4 20s
Provia 400F RHP III
Push to +1

地球磁気圏探査衛星　THEMIS satellite

　オーロラが爆発的に変化するオーロラ・ブレークアップの起因について，現在，「電流寸断」（88頁参照）と「磁気リコネクション」（11頁参照）のモデルについて研究が進められている．地球磁気圏サブストーム開始の現象としては，電流の寸断，オーロラ・ブレークアップ，磁気再結合の3つが知られているが，2007年2月に，NASAが磁気圏サブストーム開始時の磁気圏内における物理過程の解明をめざし，同時に5基の磁気圏探査衛星（THEMIS）を打ち上げた．5基の衛星は4日毎に磁気圏内の同一線上に並び，同時刻に粒子や磁場等の測定をおこない，地上観測網と連携し謎の解明に挑んでいる．

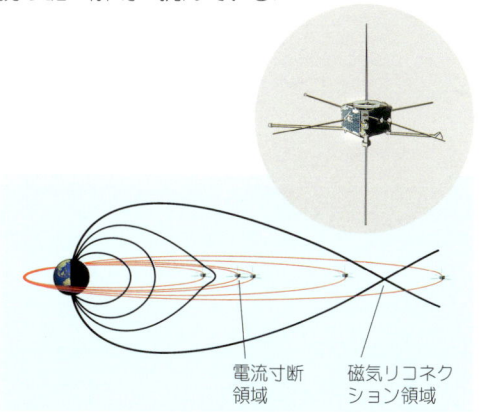

THEMIS（The History of Events and Macroscale Interactions during Substorms）衛星と5基の衛星軌道図．5基の衛星は，地球から約6万km付近の距離にある電流寸断領域と，約12万km付近にある磁気リコネクションの領域を同時観測する．

87

2003年10月6日 11:38 UT N63.3/W133.8 37,000' カナダ メーヨー付近, 高度11,300m 朝方側のバンドオーロラ

Minolta α-7
Minolta 35mm/F1.4
F1.4 20s
Fuji Provia 400F RHP III
Push to +1

電流寸断モデル current disruption model

　磁気圏尾部の境界面には，夕方側から朝方側へ流れる尾部圏界面電流系が，そして磁気中性面（磁気圏尾部の北側と南側では磁場の向きが逆転しており，その境界付近に存在する磁気的に中性の面）には，朝方側から夕方側へ流れる磁気中性面電流系がそれぞれ形成される．この磁気中性面電流系の，地球から反太陽方向へ地球半径の約10倍前後（〜10 Re）ほど離れた領域で，何らかの物理的過程により，電流の急減少（異常抵抗）が発生し，極域上空電離圏への電子やイオン流入量を急増させ，オーロラ・サブストームを開始させる．これを電流寸断モデルと呼ぶ．

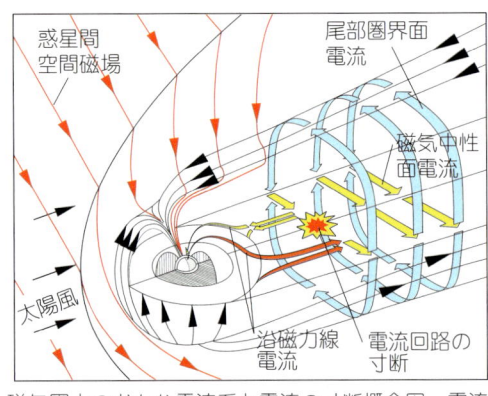

磁気圏内のおもな電流系と電流の寸断概念図．電流寸断による波動が，極域上空電離圏に大量のオーロラ粒子を降下させ，オーロラ嵐を発生させるモデル．

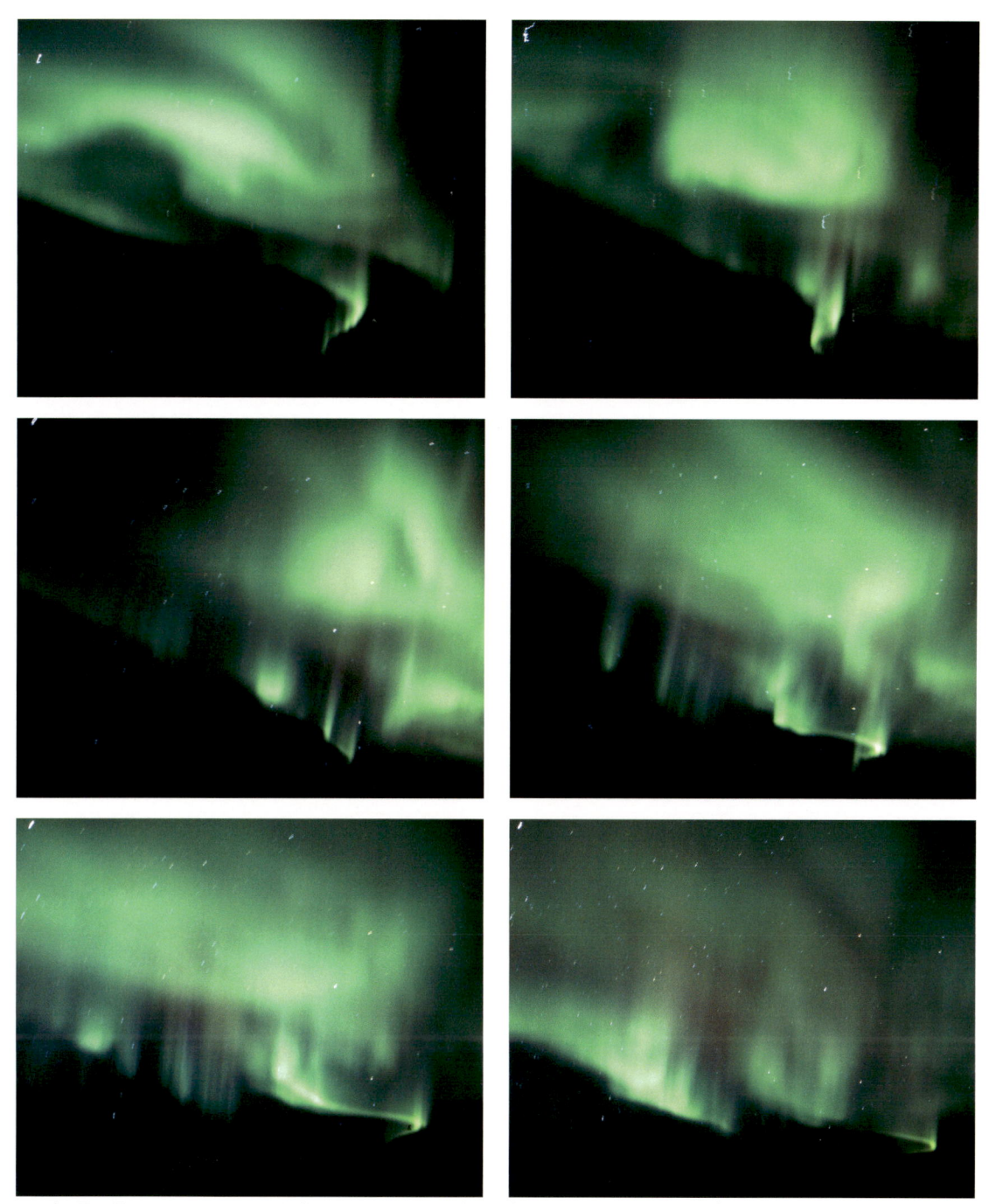

2001年2月21日 10:02－10:06 UT カナダ フォート・リヤード付近，高度11,300m 朝方側のタイプcのバンドオーロラ．
（写真左から右へ，上から下へ）

朝方側のディスクリートオーロラ discrete aurora

　ぼんやりとしたオーロラが一面に広がるカナダ北西準州の上空，その高緯度側（写真下方）に短く途切れたすべて緑色のタイプcのバンドオーロラが，ゆったりとした動きで東（写真右）へ移動していく．朝方側のはっきりとしたオーロラは，夕方側に比べて，輝度は低く，カーテンは東西方向に短く切れ，ゆったりとゆらぐ特徴がある．磁気圏対流の影響を受け，南向きの電場となる朝方側のオーロラは，北向きの電場の夕方側とは逆向きに，東へ毎秒1～2km程度の速度で移動する傾向がある．写真は真夜中すぎの朝方側に出現したはっきりとしたオーロラ4分間の動き．

タイプ f のオーロラ
type-f

　東の地平線が茜色に染まりはじめたカナダのマニトバ州上空，磁気天頂から磁力線に沿い，いっきに降下する青紫色が鮮明なオーロラ．この青紫色の強いオーロラをタイプ f のオーロラという．タイプ f のオーロラは，窒素分子イオンの発光のほか，太陽光線の中の青紫色のエネルギーを吸収，そして再放出し，人間の目にはひじょうに感度が低く見えにくい青紫色が強調された結果として見えるもの．

　タイプ f のオーロラは，冬季の日没後の薄明の頃や，初秋，晩春の明け方，太陽光が超高層大気に射し込むときに見られる．

Minolta α-7
Minolta 35mm/F1.4
F1.4 10s
Provia 400F RHP III
Push to +1

2000年10月29日 11:17 UT N56.5/W095.0 37,000′ カナダ ジラム付近，高度 11,300m
タイプ f のオーロラ

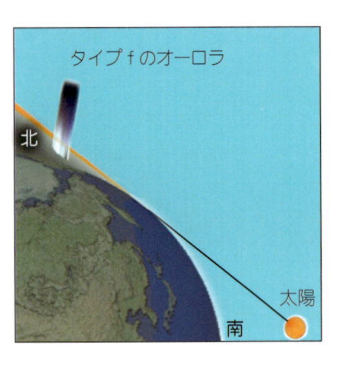

タイプ f のオーロラは，観測地は日の出前，あるいは日没後の薄明の中で，オーロラが出現している超高層大気に太陽光が射し込む状態のときに見られることが多い．

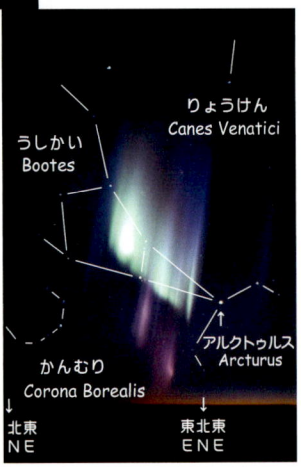

タイプ f のオーロラ
北／南／太陽

りょうけん Canes Venatici
うしかい Bootes
アルクトゥルス Arcturus
かんむり Corona Borealis
北東 NE　東北東 ENE

共鳴散乱
resonance scattering

　タイプfのオーロラの青紫色は窒素分子が放つ光である．オーロラ粒子の衝突により強制的にエネルギーを受け取った窒素分子は，電離状態または励起状態となる．電離して電子を失った窒素分子イオンは，失った電子を再度取り戻し，安定状態に戻ろうとする．その際，余分に受け取ったエネルギーを光子として放出するが，その代表的な光が427.8nmの青紫色と，391.4nmの濃紫色である．さらに，イオン化した窒素分子が太陽光線の中の同じ波長のエネルギーを吸収したのち再放出する「共鳴散乱」と呼ばれる現象により，青紫色がより強調されたオーロラとなる．

Minolta α-7
Minolta 35mm/F1.4
F1.4 15s
Provia 400F RHP III
Push to +1

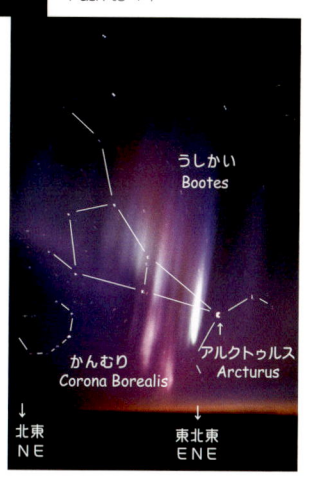

2000年10月29日 11:18 UT N56.5/W095.0 37,000′ カナダ ジラム付近，高度11,300m
タイプfのオーロラ

窒素分子イオンの発光過程模式図．オーロラ粒子の衝突で電子1個が飛ばされ電離した窒素分子は，窒素分子イオンとなり，失った電子を取り戻し基底(安定)状態に戻ろうとする．その際，一定量以外の余分に受けとったエネルギーを光子として放出(発光)する．

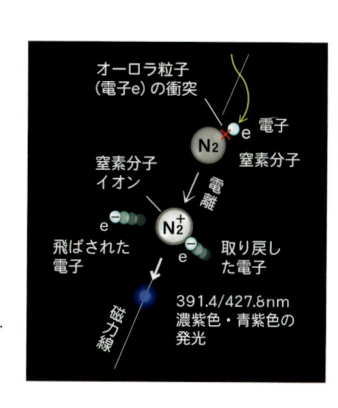

オーロラ粒子
(電子e)の衝突
電子
N_2　窒素分子
窒素分子イオン　電離
飛ばされた電子　N_2^+　取り戻した電子
磁力線　391.4/427.8nm
濃紫色・青紫色の発光

うしかい Bootes
かんむり Corona Borealis　アルクトゥルス Arcturus
↓北東 NE　↓東北東 ENE

2004年12月19日 08:38 UT N62.7/W146.0 37,000′ アラスカ パクソン付近，高度11,300m バンドオーロラとディフューズオーロラ

Minolta α-7
Minolta 35mm/F1.4
F1.4 20s
Provia 400F RHPⅢ
Push to +1

オーロラ粒子の供給領域（2）

　1970年代から活発となった科学衛星によるオーロラ観測の結果，ディスクリートオーロラの低緯度側（写真中央から左側にかけて）一帯に拡がるディフューズオーロラを発生させる降り込み粒子（オーロラ粒子）の供給源は，オーロラ粒子のエネルギー特性から，プラズマ・シート中心部や地球に近い領域，外部放射線帯（バンアレン外帯）からの高エネルギー電子や陽子によるものであることが判明し，さらに，ディスクリートオーロラを発生させる粒子のような沿磁力線加速を受けず，極域電離圏の大気を直接励起していたこととも明らかになった．

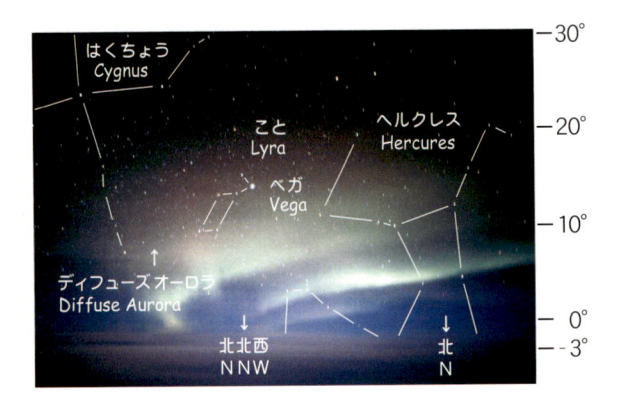

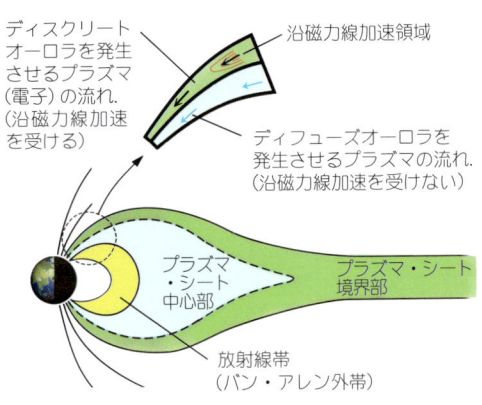

　ディフューズオーロラの粒子供給領域．ディフューズオーロラの粒子供給源（水色と黄色）は低緯度側に位置し，一方，ディスクリートオーロラの粒子供給源（緑色）は高緯度側に位置しているためディフューズオーロラはディスクリートオーロラの低緯度側に出現することが多い．

2002年3月24日 20:33 UT N64.5/E036.1 33,000′ ロシア オネガ付近，高度10,100m バンド・オーロラと彗星

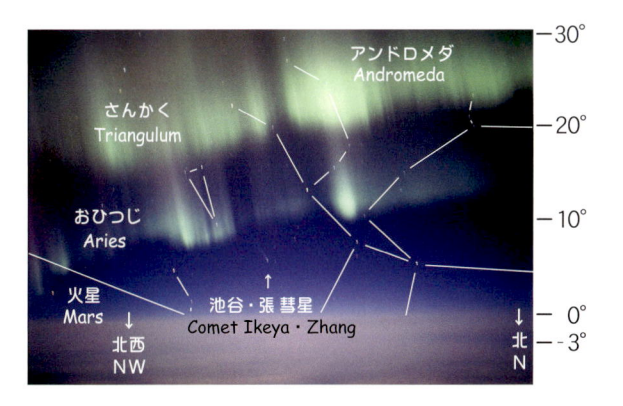

Minolta α-7
Minolta 35mm/F1.4
F1.4 15s
Provia 400F RHP III
Push to +1

オーロラと彗星（1） aurora and comet（1）

　線状構造が東西に連なる美しいオーロラカーテン．その裾の直下（写真中央下）に，左上方に尾を伸ばした小さな彗星が見える．この彗星は，池谷・関彗星の発見者で有名なアマチュア天文家の池谷 薫氏が，2002年2月1日に発見した彗星で，池谷氏発見の1時間後，中国の張 大慶氏も続いて発見し，池谷・張彗星と命名された．2002年3月下旬には3等台（3等星並みの明るさ）まで増光し肉眼彗星（目視で見える彗星）となった．その後の軌道計算により366年ほどの周期をもつ長周期彗星（太陽を回る周期が200年を超える彗星）であることも判明し，登録番号（153P）の付された彗星の中で最長の周期をもつ彗星となっている．

彗星は「イオン」と「塵」の2種類の尾を引き，目視で良く見える尾は塵の尾，イオンの尾は写真には青く写り，太陽風の影響を受け反太陽方向へ流れる．（1997年3月，ヘール・ボップ彗星）

93

オーロラと彗星 (2)
aurora and comet (2)

　彗星の核は「汚れた雪玉」と形容され，ドライアイス，メタンやアンモニアガスなどを含む氷の塊である．大きさは数km～数十km程度で，太陽熱により蒸発し，拡散した塵やガスの尾を引く．イオン化した原子の尾（イオン・テール）は暗く，目視での観測は困難であるが，長時間露光した写真には，太陽風の磁場の影響で反太陽方向に流される青い尾が見られる．地球磁気圏の形も彗星の形と似通っており，よく彗星にたとえられる．写真の池谷・張彗星は，アンドロメダ銀河にひじょうに接近（地球から見て二次元的に）した彗星として話題となった．

Minolta α-7
Minolta 35mm/F1.4
F1.4 20s
Provia 400F RHP III
Push to +1

2002年4月11日 21:16 UT　N64.5/E036.6 33,100′ ロシア オネガ付近，高度 10,100m
ベール状オーロラの中，アンドロメダ銀河の右上方をいく池谷・張 彗星

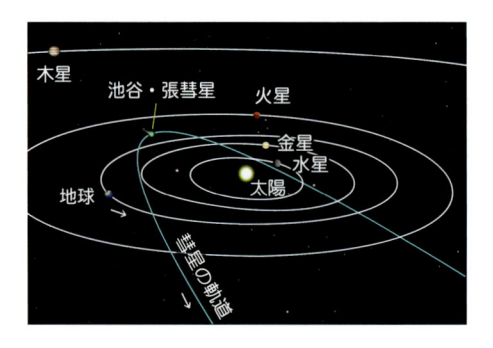

2002年4月11日21:16 UTの池谷・張彗星と太陽系惑星の相対位置．池谷・張彗星は約366年周期で，水星・金星間と海王星・冥王星間を結ぶ楕円軌道を周回している．

カシオペヤ　Cassiopeia
池谷・張彗星　Comet/Ikeya-Zhang
アンドロメダ銀河　Andromeda Galaxy
アンドロメダ　Andromeda
北　N
北北東　NNE

94　ぼんやりとしたオーロラ

2001年11月17日 21:04 UT ロシア ミクニ付近, 高度11,100m ディフューズオーロラの中を流れる流星 (写真中央左下)

流星とオーロラ meteor and aurora

　しし座流星群極大日前夜のロシア上空, オーロラの中を流れる流星, ピーク時は1分間隔で流れ星が飛び交う. 各々の流星の痕跡を逆にたどると, しし座頭部のζ (ゼータ) 星付近にある放射点に到達する. しし座流星群は, 33年の周期をもつテンペル・タットル彗星のまき散らした塵の帯の中を地球が通過したとき, 地球の引力に引かれた彗星の塵が, 地球の大気に突入しオーロラの発光高度とほぼ同高度で燃え尽きる現象. その流れ星の核となる粒の大きさは, わずか数mmと微小である. 近年, イギリスの天文学者デイヴィッド・アッシャー博士考案の予測法により, しし座流星群に関して, 地球上のどの地域に, どれくらいの流星雨が発生するか, ほぼ正確な予報が可能となり, 翌日, 日本の夜空で1時間に数千という大流星雨が出現し, 大勢の人が一大天体ショーに酔いしれた.

Minolta α-7
Minolta 35mm/F1.4
F1.4 30s
Provia 400F RHP Ⅲ
Push to +1

Minolta α-7
Minolta 35mm/F1.4
F1.4 30s
Fuji Provia 400F RHP Ⅲ
Push to +1

2001年11月17日 22:42 UT ロシア トゥルハンスク付近, 高度11,100m ディフューズ・オーロラと流星 (写真中央)

2004年12月19日 07:34 UT N60.0/W164.1 35,000′ アラスカ キプヌク上空，高度10,700m

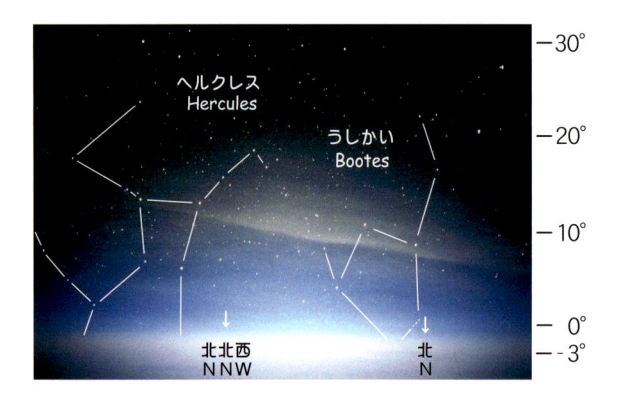

Minolta α-7
Minolta 35mm/F1.4
F1.4 20s
Provia 400F RHPⅢ
Push to +1

不思議な微光 mysterious glow

　機体がアラスカ本土に近づくにつれ，北の空を広範囲に覆うかすかな光が目に留まる．薄いベール状に広がる微光の中に，北東から南西方向にのびる帯状の筋が確認でき，その明るさは天の川よりさらに暗く，目をじゅうぶんに暗順応（暗闇に慣れること）させた後，凝視してかろうじて見える程度．この微光はオーロラの活動の度合いとは相関せずほぼ恒常的に見られる．近年，南米のアンデス山脈上空で撮影された大気光の映像との類似性も認められ，大気光（airglow）の可能性もある．大気光とは，超高層大気の原子や分子が太陽紫外線のエネルギーを受け発光する現象で，その輝度は天の川の10分の1程度といわれ，地上からの目視による観測は不可能である．

2002.12.6 07:01 UT N59.2/W167.7 35,000′
上の写真とほぼ同じ領域，時間帯に観測された微光．南西方向にのびる帯の幅は狭く，若干赤みを帯びているように見える．（写真はコントラストを強調処理したもの）

96　ぼんやりとしたオーロラ

Noctilucent Clouds
3. 夜光雲

夜光雲は，極地方の夏季に，中間圏界面といわれるオーロラの下辺高度のやや下層付近（高度約85km）に発生する特殊な雲で，地上からの目視による観測は，ある限られた狭い範囲からのみ可能といわれる．真夏の高緯度を飛行すると，比較的高い頻度で夜光雲を目にすることがあり，ここでは高度10,000mを飛行中の航空機から記録した夜光雲を紹介する．

2003年8月18日 21:43 UT N60.4/E040.1 33,100′ ロシア コノシャ付近，高度10,100m バンドオーロラと夜光雲

オーロラと夜光雲（1）
Aurora and Noctilucent Clouds（1）

　フィンランドのヘルシンキ上空からモスクワの北方約600kmにある都市コノシャへ向け高度10,000mで飛行中，白夜の季節にもかかわらず活発なバンドオーロラが姿をあらわす．やがて，地平線付近に青白く輝く見なれない雲がゆっくりと南下してくる．この雲は，夏期の高緯度地方の空に，日没後まれに見られる雲で夜光雲と呼ばれる．オーロラは電離圏の希薄な大気の発光現象によるものに対して，夜光雲は高度85km付近の中間圏界面に浮遊する物質が，太陽の残照を反射した結果見えるものである．この雲の存在を最初に発表した人物は，1885年イギリスのロバート・レスリーである．当時，火山の噴火により吹き上げられた火山灰による説などが取りざたされ，また産業革命と夜光雲の観測事例の増加を結びつけ，人類の産業活動によるメタンの増加説，さらに地球温暖化による事象説など，さまざまな憶測を呼んでいる．

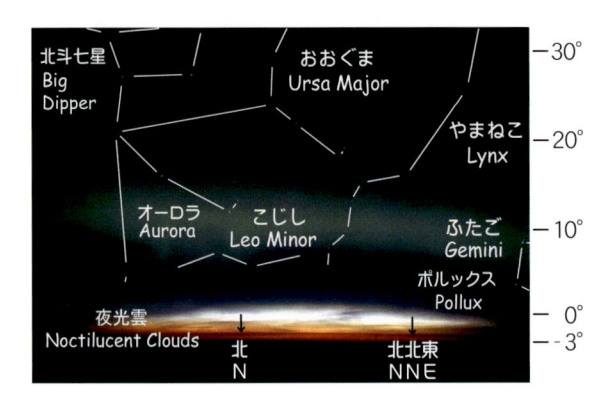

Minolta α-7
28-200mm/F3.5-56
35mm/F3.5 15s
Provia 100F RDP Ⅲ
Push to +2

Minolta α-7
35mm/F3.5
20s
Provia 100F
RDP Ⅲ
Push to +2

2003.8.18 21:07 UT N59.1/E029.9 33,100′
露光時間をのばしオーロラを強調した画像．

2003年8月18日 22:25 UT N53.0/E051.0 33,100′ ロシア ミクニ付近, 高度10,100m 夜光雲

Minolta α-7
Sigma 28-200/F3.5-5.6
60mm/F4.5 1s
Provia 400F RHP Ⅲ
Push to +2

大気重力波　atmospheric gravity wave

　夜光雲に見られる特徴的な波模様は，大気重力波と呼ばれる．大気重力波の原理は，ある密度をもった大気の一部が，何らかの要因で密度の薄い上方へ強制的に移動させられたときに，密度の濃い大気は周囲より重く，重力によりじょじょに下方へ戻るよう力を受ける．さらに加速を受けながら降下するため，元の位置よりさらに下方へ潜り込む．すると今度は周りの大気よりも密度が薄い（軽い）ために，浮力が生じ，再度上昇をはじめる．このような上下方向の運動が繰り返された結果，波状構造が造られる．大気重力波を誘起させる現象には，山脈を通過する気流，ジェット気流，積乱雲など，大気の上下方向の乱流がある．一方，夜光雲の厚みは1〜2km程度とひじょうに薄く，そのため中間圏界面付近の大気の動きを観測できる現象でもある．上の写真（2003年8月撮影）にも見られる縞模様を詳しく見ると，高緯度から低緯度（写真下から上へ）にかけ，ある幅をもった帯状の構造が見られ，その構造体を横切る方向に小規模の波構造が見られる．これらの波構造は大気重力波と大気潮汐波（万有引力と太陽の加熱が作り出す半日から1日周期の振動）が影響していると推測されている．

2003.8.18 22:27UT N63.0/E051.2 33,100′

夜光雲の特徴的な波構造．写真の右下から左上（北から南）にかけて，やや幅のある波と，左右（東西）方向に細い筋状の波の2種類の波構造が見られる．

2003年8月18日 22:41 UT N64.0/E055.4 33,100′ ロシア ウフタ付近，高度10,100m 夜光雲

Minolta α-7
Sigma 28-200/F3.5-5.6
28mm/F3.5 3s
Provia 400F RHP Ⅲ
Push to +2

夜光雲の発生高度　altitude of Noctilucent Clouds

　国際標準大気は，高度1,000m上昇するごとに温度は6.5℃づつ低下し，高度10km付近でマイナス56.5℃となり温度低下は止まる．その後の温度変化は，30kmまではわずかづつ上昇し，そしてオゾン層の上部，高度50km付近からふたたび低下しはじめる．高度85km付近ではマイナス120℃になることもある．その上の熱圏は太陽のＸ線や紫外線を吸収し，再度温度は上昇に転じる．この温度の谷である高度85km付近の中間圏界面領域に夜光雲は形成される．中間圏界面における気温は，地上とは逆に夏が低く，冬に高い．それは，夏側から冬側への大気の循環にともなう上昇気流による断熱膨張（外部からの熱の影響を受けない状態で，気体の体積が膨張すると温度は降下する）により冷却されるためである．夜光雲が形成されるためには，極低温状態と水蒸気，そして凝結核（大気中に浮遊する液体または固体の微粒子で，水蒸気が凝結して水滴を作るときの核となるもの）が必要とされる．中間圏（高度約51〜85km）における水蒸気の生成は，おもに水素分子やメタンの光化学反応によるものであり，また凝結核としては，流星のまき散らした粒子などが考えられるが，解明にはいたっていない．

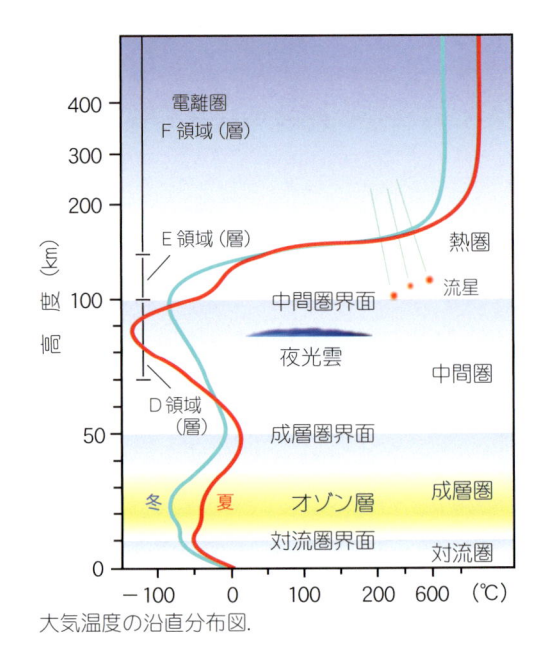

大気温度の沿直分布図．

2003年8月18日 22:34 UT N63.5/E053.5 33,100′ ロシア ウフタ付近，高度10,100m バンドオーロラと夜光雲

オーロラと夜光雲 (2)
Aurora and Noctilucent Clouds (2)

　白夜の時期においても，オーロラ活動がひじょうに活発なときに，まれにオーロラを見ることができる．しかし，オーロラと同時に夜光雲の発生が見られる確率は低く，もしもそのような光景に出合えたら，まさに幸運といえる．写真は2003年8月モスクワの北東約1,200kmに位置する都市ウフタ上空，高度10,000mから見たオーロラと夜光雲の同時出現のようす．やや不鮮明ではあるが，太陽光を反射する夜光雲と，ひじょうに微弱な光のオーロラの両方を鮮明に写し撮ることはきわめて困難である．一方，活発なオーロラ発生中の極域の上空は，数百億ワットに達する熱エネルギーにより超高層大気が加熱を受け，その熱に起因する大気の対流作用により夜光雲が消散するという説もある．写真撮影15分前に極軌道環境衛星 (POES：31頁参照) が計測した記録によると，極域消費電力量は262.9ギガワットと，まれにみる膨大な量を計測したが，オーロラ出現中の夜光雲の形態に特異な変化は見られない．夜光雲の観測回数は，太陽の活動周期とは逆の相関関係にあり，太陽活動の極大期には減少し，極小期には増加している．写真の中央から左上にかけて見える縦の光の筋がオーロラで，下半部の波状模様のある雲が夜光雲．

Minolta α-7
Sigma 28-200/F3.5-5.6
28mm/F3.5 4s
Provia 400F RHP III
Push to +2

Minolta α-7
Sigma 28-200/F3.5-5.6
28mm/F3.5 8s
Provia 400F RHP III
Push to +2

2003. 8.18 22:33 UT N63.5/E053.3 33,100′
露光時間を2倍にしてオーロラを強調した画像．

2003年8月8日 23:50 UT　N64.6/E060.0 33,100′ ロシア　ウラル山脈上空，高度10,100m　夜光雲

Minolta α-7
Minolta 35mm/F1.4
F1.4 0.7s
Provia 100F RDP Ⅲ

中間圏観測衛星　AIM satellite

　かつて地上から夜光雲の目視観測は，地理緯度50〜65度の範囲で可能であるといわれていたが，近年，さらに低緯度の米国オレゴン州やワシントン州，またトルコ，イランなどにおいても観測報告例がある．NASAの中間圏観測衛星が，極地方に発生する夜光雲の謎の解明を目的に2007年4月に打ち上げられ，その後の観測結果から，夜光雲は極地方の夏の時期に広範囲に広がり，数時間から数日の単位で大きな変化をみせること，さらに夜光雲を形成する氷晶の粒子は40〜100 nmで，これは，ちょうど青い光を散乱させる大きさであることが判明し，同時に光を散乱させない（目には見えない）30nm以下の粒子の存在も判明した．夜光雲の発生する高度は，まさに宇宙への縁（the edge of space）に相当する領域であり，最近では，人工衛星のほか，ライダー（レーザーレーダー）や光学機器，ロケットなどによる観測や，理論的な研究もすすんでいる．なお，夜光雲を含む中間圏の雲は，中間圏雲（Polar Mesospheric Cloud：PMC）と呼ばれることもある．

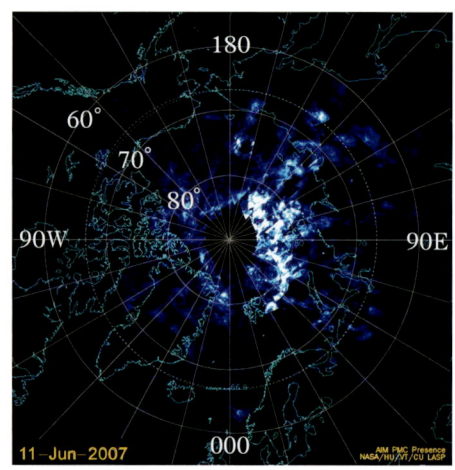

AIM（Aeronomy of Ice in the Mesosphere）衛星が北極上空から撮影した夜光雲の画像．白から青色が夜光雲，黒い部分はデータの欠損領域．（Credit：NASA, Laboratory for Atmospheric and Space Physics Univ. of Colorado）

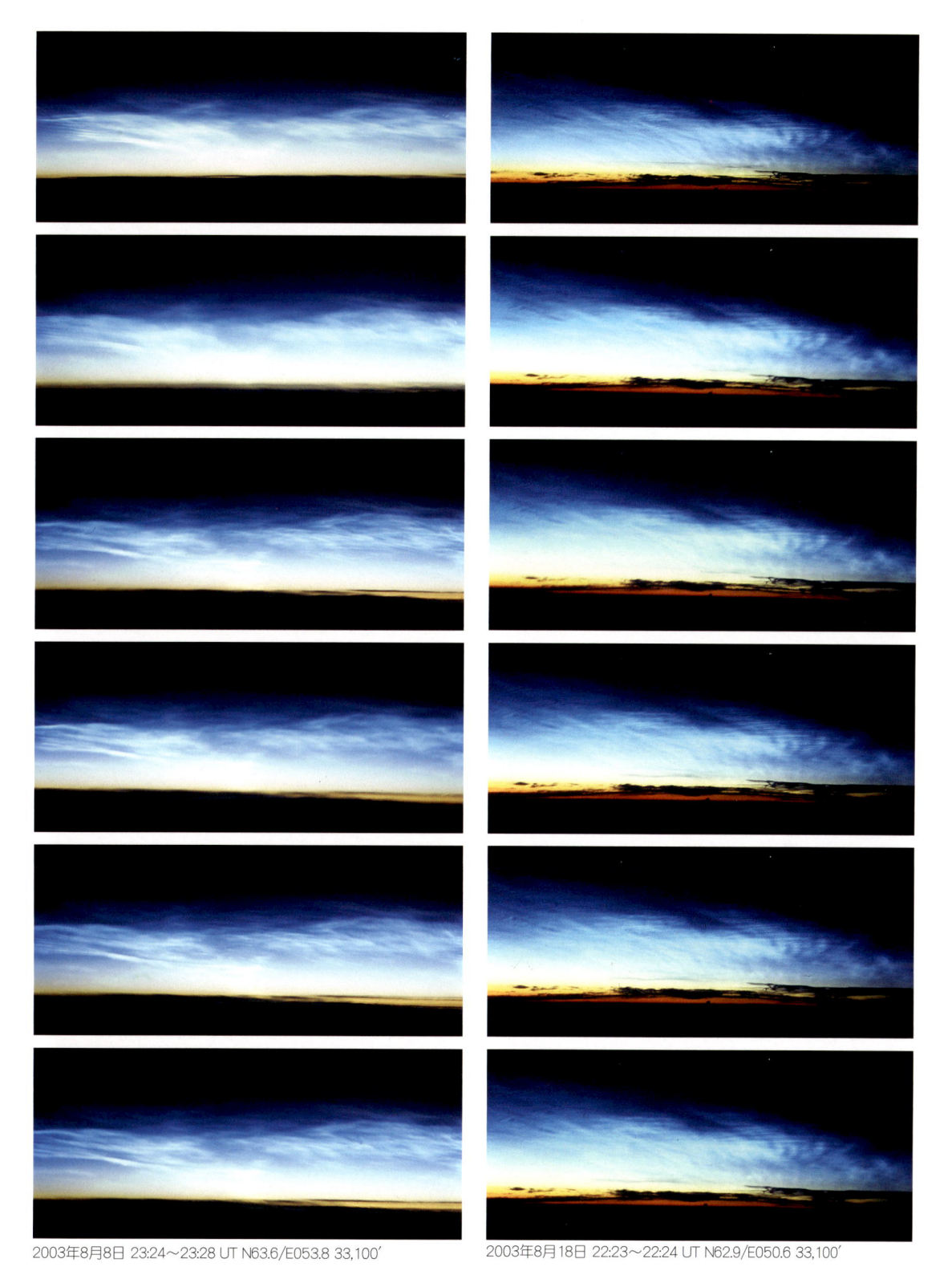

2003年8月8日 23:24～23:28 UT N63.6/E053.8 33,100′　　2003年8月18日 22:23～22:24 UT N62.9/E050.6 33,100′

夜光雲連続撮影画像

　夜光雲の4分間（写真左上から下へ）と2分間（写真右上から下へ）の連続撮影画像．この画像においては両日ともに，時間経過に対する雲量，波構造，さらに形態の水平および垂直方向への顕著な変化は見られない．

参考書籍

Asgeir Brekke著，奥澤隆志・田口 聡訳（2003）『超高層大気物理学』愛智出版
Candace Savage著，小島和子訳（1998）『神秘のオーロラ』地人書館
Jacqueline Mitton著，北村正利他訳（1994）『天文小辞典』地人書館
Neil Davis著，山田 卓訳（1995）『オーロラ』地人書館
Newton（2001年3月号 「輝くオーロラ」）編集人 竹内 均 ニュートン プレス
赤祖父俊一（1995）『オーロラへの招待』（中公新書）中央公論社
赤祖父俊一（2002）『オーロラ その謎と魅力』（岩波新書）岩波書店
赤祖父俊一（2006）『北極圏のサイエンス』誠文堂新光社
大林辰蔵（1970）『宇宙空間物理学』（物理科学選書5）裳華房
小口 高（2010）『オーロラの物理学入門』Vol 1/2, 2/2 名古屋大学太陽地球環境研究所
上出洋介（1999）『オーロラ』山と渓谷社
神沼克伊（1996）『極域科学への招待』（新潮選書）新潮社
國分 征（2010）『太陽地球系物理学』名古屋大学出版会
国立極地研究所（1983）『南極の科学 2 オーロラと超高層大気』古今書院
国立極地研究所（1985）『南極の科学 9 資料』古今書院
国立極地研究所（1991）『南極の科学 1 総説』古今書院
地球電磁気・地球惑星学会 学校教育ワーキンググループ編（2010）『太陽地球系科学』京都大学学術出版会
永田 武，等松隆夫（1973）『超高層大気の物理学』（物理科学選書6）裳華房

参考文献

Akasofu, S.-I. (1964) The development of the auroral substorm. Planet. Space Sci., 12:273-282.
Akasofu, S.-I. (1981b) Auroral arcs and auroral potential structure. Physics of Auroral Arc Formation, eds. by Akasofu, S.-I. and Kan, J.R., AGU Monograph, 25, AGU, Washington, D.C., 1-14.
Banks, P. M, Chappel, C.R. and Nagy, A.F. (1974) A new model for the interaction of auroral electrons with the atmosphere. Spectral degration, backscatter, optical emission and ionization. J. Geophys. Res., 79, 1459-1470.
Brawn, N.B., Davis, T.N, Hallinan, T.J. and Stenback-Nielsen, H.C. (1976) : Altitude of pulsating aurora determined by a new instrumental technique. Geophys. Res. Lett., 3, 403-404.
Chamberlain, J. W. (1961) Physics of the Aurora and Airglow (Academic Press).
Davidson, G. T. (1965) Expected spatial distribution of low-energy protons precipitated in the auroral zones. J. Geophys. Res., 70, 1061-1068.
Eather, R. H. (1967) Auroral proton precipitation and hydrogen emissions. Rev. Geophys., 5, 207-285.
Eather, R. H. (1968) Spectral intencity ratios in proton-induced auroras. J. Geophys. Res., 73, 119-125.
Feldshteyn, Y. I. (1963) The morphology of auroras and magnetic disturbances at high latitudes. Geomagn. Aeron., 3, 189-192.
Fukunishi, H. (1975) Dynamic relationship between proton and electron auroral substorms. J. Geophys. Res., 80, 553-574.
Hallinan, T. J. (1976) Auroral spirals. 2. Theory. J. Geophys. Res., 81, 3959-3965.
Hallinan, T. J. and Davis, T. N. (1970) Small-Scale auroral arc distortions. Planet. Space Sci., 18, 1735-1744.
International Auroral Atlas (1963) Internat. Union of Geodesy and Geophysics, Edinburgh, Univ. Press, 26p
Lee, L. C. and Roederer, J. G. (1982) Solar wind energy transfer through the magnetopause of an open magnetosphere. J. Geophys. Res., 87, 1439-1444.
Murayama, Y. Noctilucent Cloud : the Highest Cloud on the Earth, Earozoru Kenkyu, 25 (3), 211-218 (2010)
Oguti, T. (1981) TV observations of auroral arcs. Physics of Auroral Arc Formation, ed. by Akasofu, S.-I. and Kan, J. R., AGU monograph, 25, AGU, Washington, D.C., 31-41.
Oguti, T., Kokubun, S., Hayashi. K., Tsuruda, K., Machida, S. Kitamura, T., Saka, O. and Watanabe, T. (1981) An auroral torch structure as an activity center of pulsating auroras. Can. J. Phys., 59, 1956-1962.
Tohmatsu, T. (1990) Compendium of aeronomy. Translated and revised by T. Ogawa, Terra Sci. Publ. Comp., Tokyo.
Vallance Jones, A. (1971) Auroral Spectroscopy. Space Sci. Rev., 11, 776-826.
Winningham, J. D., Yasuhara, F., Akasofu, S.-I. and Heikkila, W. J. (1975) The latitudinal morphology of 10-eV to 10-keV electron fluxes during magnetically quiet and disturbed times in the 2100-0300. MLT sector. J. Geophys. Res. 80, 3148-3171.
Yamamoto, T. (1979) On the amplification of VLF hiss. Planet. Space Sci., 27, 273-284.

単位と物理的基本量

Å　オングストローム　　長さの単位．1 Åは100億分の1（10^{-10}）m．光の波長などに用いられる．現在は国際単位系のナノメートル（nm）が使用されている．1 nmは10^{-9} m（10億分の1 m）．

C　クーロン　　電荷の単位．1 Cは1秒間に1 Aの電流によって運ばれる電荷（電気量）．電子1個は，－1.60×10^{-19} Cの電荷をもつ．

eV　電子ボルト　　エネルギーの単位．1 eVは1.60×10^{-19} J（ジュール）．1電子ボルトは，真空中における電位差1ボルトの2点間を動いた電子の得る運動エネルギー．（electron volt）．

J　ジュール　　エネルギー・仕事量の単位．4.19 Jは1カロリーの熱量（1 gの水の温度を1℃上昇させる熱量）に等しい．

R　レイリー　　単位面積当たりに入射する光子の量を表す単位．1 Rは1cm^2 当たり毎秒100万個の光子が入射する状態．地上から目視による天の川の明るさは約1 kR（キロレーリー）に相当する

T　テスラ　　磁束密度（磁場の強さ）の単位．1 nT（ナノテスラ）は10^{-9} T（10億分の1テスラ）．1 Aの線電流から1 mの距離における磁束密度は200 nT．

W　ワット　　仕事率・電力の単位．1 Jの仕事をする割合．1 Aの不変電流によって消費される電力．1 GW（ギガワット）は10^9 W（10億ワット）．

太陽半径	$R_\odot$	696,000 km
太陽質量	$M_\odot$	1.99×10^{30} kg
地球平均半径	Re	6,371 km
地球質量	Me	5.98×10^{24} kg
陽子質量		1.67×10^{-27} kg
陽子の電荷		＋1.60×10^{-19} C（クーロン）
陽子の直径		10^{-15} m
電子質量		9.11×10^{-31} kg　陽子の1836分の1
電子の電荷		－1.60×10^{-19} C（クーロン）

光速度　　光の伝搬する速さ．真空中の光速度は2.998×10^8 m/sec．（毎秒約30万km）．光速（c）．

地球と月の距離　　3.84×10^5 km（38万4千km）．

地球と太陽の距離　　天文単位（AU）．1 AUは1億5千万km（1.5×10^8 km）．

地球磁気圏の大きさ　　太陽側：約10 Re，　反太陽側（尾部）：2,000〜3,000 Re
直径：約20〜30 Re
Re：地球半径（約6,400km）

用語解説

DMSP衛星	高度約830km上空を，約100分で地球を周回する極軌道衛星．さまざまな観測機器を搭載した米国の多目的軍事気象衛星であるが，極地域で撮影した鮮明なオーロラ画像は，オーロラ研究者による利用度が高い．(Defence Meteorological Satellite Program：DMSP)
GEOTAIL衛星	日本のGEOTAIL衛星は，地球磁気圏におけるさまざまな物理現象の解明を目的として1992年に打ちあげられた衛星．とくに磁気圏尾部の磁気再結合における宇宙空間プラズマの時間的変動の解明をめざしたもの．当初の設計寿命の3年をすぎ，現在も観測を継続している．
POES衛星	米国海洋大気圏局 (NOAA) が打ちあげた極軌道環境衛星．地球全球の気象の長期予報および環境モニタリングを目的としているが，極地域に流入する荷電粒子量のエネルギーを計測し，オーロラ活動レベルの算出もおこなっている．(Polar-Orbiting Environmental Satellites：POES)
エネルギー準位と遷移	原子や分子のような小さな粒子がもつことのできる固有のエネルギーの値を準位といい，粒子のもつ波動性により飛び飛びのエネルギー固有値にしか存在することができない．また，この固有のエネルギー間の移動を遷移という．
沿磁力線加速領域	高度約3,000〜12,000kmに存在し，オーロラ粒子を加速させる電場領域．この領域に，緯度方向100kmほどの幅をもち，磁力線に沿ってUまたはV字型をした上向きの電場が，電子を下向きに加速するため，オーロラ粒子はオーロラの発光高度である100〜500km付近まで到達し，明るいオーロラを出現させることが可能となる．
沿磁力線電流	磁気圏と電離圏をつなぐ磁力線に沿って流れる電流．磁気圏尾部で発生した電流は磁力線に沿って朝方側のオーロラ帯に流れ込み，夕方側のオーロラ帯から磁力線に沿って磁気圏尾部へ戻る．(field-aligned current)
オーロラ・オーバル	オーロラ全体の形．地磁気極を取り囲み，楕円 (オーバル：oval) 状を形成するが，その中心は磁気緯度の真夜中側に3度ほどずれている．オーバルの内側の領域を極冠域 (polar cap) という．(auroral oval)
オーロラ・サブストーム（オーロラ嵐）	オーロラの急激な発達から消滅までの1〜3時間における準規則的な活動現象．太陽風と地球磁気圏の相互作用により引き起こされる磁気圏サブストーム現象の中の一側面で，磁気圏の過剰エネルギーの解放現象と考えられている．(auroral substorm)
オーロラ・ジェット電流	オーロラの中を流れる西向きの大きな電流．オーロラ粒子の電離圏への降り込みにより，オーロラオーバルに沿って中性大気の電離が進行し，電気伝導度の大きな領域が発生する．その中を流れる西向きの大きな電流をオーロラ・ジェット電流といい，極地方に発生する強い地磁気擾乱の原因となる．(auroral jet current)
オーロラ・ブレークアップ（オーロラ爆発）	磁気圏の磁場エネルギー解放現象の一部として，磁気地方時の真夜中少し前の静かなオーロラが，突然爆発したように活動が高まり，東西，南北方向に急速に拡大する現象．(auroral breakup)
カスプ (cusp)	地磁気極の上空よりやや太陽方向に開いた口をもつ"朝顔の花"のような形をしており，境界層 (マグネトシース) のプラズマが比較的容易に侵入できる領域．太陽風の磁場 (IMF) の方向により領域は若干移動するとされる．
極冠域 (ポーラーキャップ)	オーロラ・オーバルの内側の領域．磁気圏の静穏期に，極冠域内の磁気地方時の真夜中から真昼を結ぶ子午線上に出現するオーロラに「極冠オーロラ」がある．(polar cap)

高速太陽風	太陽表面で発生したフレアーやコロナホール領域などから放出される高速度の太陽風．磁気嵐の発生や低緯度オーロラの出現など，地球上にさまざまな影響をおよぼす．
境界層（マグネトシース）	磁気圏前面の衝撃波面と磁気圏境界面に挟まれた領域．境界層内では太陽風と磁気圏双方の影響が混在し，磁場の乱れが観測され，また境界層内を流れるプラズマは加熱されたあと，エネルギーの一部は磁気圏に伝えられ，磁気圏内におけるさまざまな現象の機動力となっている．（magnetosheath）
磁気嵐	太陽活動が活発になり，太陽面で巨大な爆発現象が起こると，地球に超高速で大量の荷電粒子が襲来し，数日間にわたって磁気圏全体に擾乱を起こす．この間，地上で観測される地球磁場も大きく乱れる．その結果，送電設備の故障による大規模停電をはじめ，人工衛星の故障，短波通信障害，また低緯度オーロラの発生など，人類の生活にさまざまな影響をおよぼす現象．（magnetic storm）
磁気圏サブストーム	太陽風や惑星間空間磁場(IMF)の変動により磁気圏が1〜2時間のスケールで擾乱を起こす現象．磁気圏サブストームにともなう活発なオーロラ現象がオーロラ・サブストームであり，磁気嵐中には頻発するが，単独で出現することもあり，その継続時間は数十分から数時間である．擾乱の規模とその発生機構の詳細が磁気嵐と異なる．（magnetospheric substorm）
磁気圏対流	太陽風と磁気圏との相互作用により，磁気圏内のプラズマが起こす対流．磁気赤道面対流と，その影響で形成される極域電離圏対流が存在する．
磁気再結合	磁力線のつなぎ換え現象．互いに方向の異なる磁力線が近づくと，磁力線の間でつなぎ換えが起こり，磁場のエネルギーがプラズマのエネルギーに変換される現象．太陽の彩層やコロナ，また磁気圏サブストームの原因といわれる．（magnetic reconnection）
磁気流体（MHD）発電	地球磁気圏の前面で惑星間空間磁場と結合した地球の磁力線を太陽風が横切ると，起電力が生じ，磁力線と太陽風プラズマの流れの直角方向に電流が流れる．この機構を磁気流体発電（MHD発電）といい，オーロラ発光の電力供給源となる．（Magnetohydrodynamics：MHD）
磁気地方時（MLT）	地理上の地方時は北極と南極を結ぶ子午線（経度）を基に決定されるが，地磁気北極と地磁気南極を結ぶ磁気子午線を基にした地方時を磁気地方時という．磁気子午線の反太陽側を0時とし，地磁気北極の真上から見て反時計回りに24時間を区切っている．（Magnetic Local Time：MLT）
磁気中性面	磁気圏尾部に位置し，2つの反方位の極性をもつ磁場の境界に形成される面．反太陽方向へ伸び磁場強度は弱く，その南北両側には，プラズマシートと呼ばれるオーロラ粒子の滞留する領域が磁気中性面を挟むような形で存在する．
赤道環電流（リングカレント）	磁気赤道上空，地球半径の約5倍前後の磁気圏の中を，北極の上空から見て時計回り（右回り）に流れる電流．地球磁気圏に捕捉されたプラズマ中のイオンと電子が，互いに反対方向のドリフト運動を起こすことにより発生するものとされる．赤道環電流の強さは磁気嵐の強度の指標となっている．（ring current）
太陽周期	太陽活動の変動周期．平均11年で活動の強弱を繰り返し，もっとも活発な極大期には太陽黒点数が増大し，太陽表面からコロナの大量放出(CME)が発生，磁気嵐や激しいオーロラ活動を誘発させる．現在（2012年1月）は，周期24の活動上昇期．（solar cycle）
太陽風	太陽から放出される荷電粒子の流れ．そのほとんどは陽子と電子からなるプラズマで，地球付近での密度は1cm^{3}あたり数個程度，エネルギーは約10電子ボルト，速度は秒速300〜800km程度で大きな幅をもっている．さらに太陽風は，オーロラの発生に大きな影響をおよぼす惑星間空間磁場と

	呼ばれる太陽の磁場を運び出している．(solar wind)
地球磁気圏	地球磁場が支配する領域．太陽風の影響で彗星のような形をしており，その大きさは太陽側が約10 Re (Re：地球半径：約6,400km)，反太陽側（尾部）は約2,000～3,000 Re，直径は約 20～30 Reほどである．いくつかの異なる性質をもつプラズマ領域から構成され，地球を太陽風の直撃から守る役目も担っている．(magnetosphere)
地磁気	地磁気は，地球深部に存在する液体状の鉄やニッケルを主成分とする物質の対流運動から発生しているといわれる．地磁気成分には北向き，東向き，水平成分があるが，通常は，偏角，伏角，全磁力（磁場の強さ）の3成分によって表される．(geomagnetic field)
電離	安定状態の原子や分子の中の電子が，強制的に受けたエネルギーにより外に出されてしまう状態を電離という．このようにして電子の数が原子核の陽子と一致せず，電気的にプラスやマイナスの電荷をもつようになった原子や分子をイオンという．
電離圏	高度約100～500kmに存在し，太陽紫外線などにより原子や分子が電離している領域．太陽紫外線の波長によりD・E・F層などが形成され短波帯通信などに利用される．また，極域ではオーロラ粒子のジュール加熱による電離も生成されている．(ionosphere)
不変磁気座標	オーロラは地球磁場に支配される現象のため，座標系で表示する場合，地理座標は使用せず磁軸極を基準とした磁気座標系を用いる．磁軸極の位置は，経年変化と呼ばれる変動により誤差を生じるため5年毎に補正をおこなう．このような磁気座標を不変磁気座標という．
プラズマ	完全電離気体．分子や原子を超温度に熱すると，プラスイオンと 電子（マイナスの電荷）に分離し電離状態となる．物質の正と負が同数存在するため電気的には中性である．また，物質の第4の状態（個体→液体→気体→プラズマ）と表現される．宇宙空間に存在する物質のほとんどはプラズマ状態となって存在している．(plasma)
プラズマシート	磁気圏の地球赤道面上空にある磁気中性面（磁場の強度がほとんどない中性の面）の南北両側を挟む形で存在する高温，高密度のプラズマ領域．オーロラを発生させるオーロラ粒子が一時滞留する領域のため，オーロラ粒子帯とも呼ばれ，ここから極域の電離圏に環状に降り注ぐ．(plasma sheet)
プラズママントル	地球磁気圏境界面とローブ（磁気圏後方ではプラズマシート）に挟まれた領域．境界層（マグネトシース）のすぐ内側にある磁場は，一方で地球の極域につながり，他方は太陽風の影響により吹き流しのように流されている．この形がマントに似ていることからプラズママントルと呼ばれる．プラズママントル内では希薄なプラズマが，外部のプラズマシースの流れに沿って高速で流れている．(plasma mantle)
プラズモイド	太陽コロナや地球磁気圏の磁気再結合現象などにより生成されるプラズマの塊．(plasmoid)
放射線帯 （ヴァン・アレン帯）	磁気赤道上空をドーナツ状に二重に取り巻く高エネルギーの荷電粒子の領域．地球磁場により捕捉された高エネルギー電子や陽子などが比較的高密度で存在し，高度約3,000km付近を中心とした内帯と，高度約20,000kmを中心とした外帯には電子が集中して存在する．放射線帯の密度は太陽活動や磁気嵐の影響を受け変動することが知られている．(Van Allen radiation belt)
励起	エネルギーが安定した状態の原子や分子が，強制的にエネルギーを受け，より高いエネルギー状態に移ること．その結果不安定となった原子や分子は余分なエネルギーを放出し，元の安定な状態へ戻ろうとする．(excitation)

ローブ	磁気圏尾部のプラズマシート（オーロラ粒子帯）の南北両側を挟む形で存在する低温のプラズマ領域．ローブの磁力線の一端はポーラーキャップ（極冠帯）につながり，もう一端は惑星間空間磁場（IMF）につながっている．(lobe)
惑星間空間磁場（IMF）	太陽風（高温のプラズマ流）によって惑星間空間に運び出される太陽の磁場．IMFの向きが南に向いたとき，IMFと地球の磁力線がつながり太陽風プラズマが磁気圏内に侵入することが可能となる．オーロラ発生の重要な要素である．（Interplanetary Magnenetic Field：IMF）

著者・監修者の紹介

國分勝也（こくぶん かつや）

1945年　福島県生まれ
　　　　１歳で帰京し，東京神田に住む．
　　　　青山学院大学英米文学科在学中にグライダー操縦士免許・航空機事業用操縦士免許取得．卒業後，全日本空輸株式会社入社．国内・国際線乗務後定年退社．総飛行時間18,300時間．在職中より兼本延男プロ写真家に師事し写真技法を学ぶ．日本写真芸術学会会員．天体写真・自然風景写真コンテストなど入選歴あり．

佐藤夏雄（さとう なつお）

1947年　新潟県生まれ
　　　　東京大学大学院理学系研究課博士課程地球物理専門課程中途退学．理学博士．国立極地研究所教授，同所副所長，総合研究大学院大学教授，第15次，第22次日本南極地域観測隊隊員，第29次同隊副隊長兼夏隊長，第34次同隊隊長兼越冬隊長．昭和基地とアイスランドにてオーロラの共役性（南北半球の対称・非対称性）の研究や国際短波レーダー網（Super DARN）を用いた電磁圏変動研究などに携わり，国内外において精力的に活躍中．オーロラ研究を含む超高層物理学分野の権威．

利根川　豊（とねがわ ゆたか）

1954年　埼玉県生まれ
　　　　東海大学大学院工学研究科航空宇宙学専攻博士課程修了．工学博士．東海大学工学部航空宇宙学科航空操縦学専攻教授，地球電磁気・地球惑星圏学会会員，国立極地研究所共同研究員，第34次日本南極地域観測隊隊員．地球惑星圏電磁流体波動観測，波動解析システムなどの研究に携わる一方，日本の４年制大学としては初のプロ・パイロット養成コースである航空操縦学専攻の創設に尽力し，現在多くの優秀な操従士を輩出している．「静止衛星高度におけるPc4型磁気脈動の特性」をはじめ論文多数．超高層物理学のエキスパート．

装丁・レイアウト　中野達彦

高度１万メートルから見たオーロラ
（こうど　まん　　　　　　　　　　　　み）

2012年２月５日　第１版第１刷発行
2012年８月20日　第１版第２刷発行

　監修者　佐藤夏雄・利根川 豊
　著者・写真　國分勝也
　発行者　安達建夫
　発行所　東海大学出版会
　　　　　〒257-0003　神奈川県秦野市南矢名3-10-35　東海大学同窓会館内
　　　　　TEL 0463-79-3921　FAX 0463-69-5087
　　　　　URL http://www.press.tokai.ac.jp/
　　　　　振替 00100-5-46614
　印刷所　株式会社 真興社
　製本所　株式会社 積信堂

©Katsuya KOKUBUN, 2012
Ⓡ〈日本複製権センター委託出版物〉

本書の全部または一部を無断で複写複製（コピー）することは，著作権法上の例外を除き，禁じられています．本書から複写複製する場合は日本複製権センターへご連絡の上，許諾を受けて下さい．日本複製権センター（電話 03-3401-2382）

ISBN978-4-486-01838-4

関連書の紹介

美しい光の世界
レーザーとホログラフィー
〔東海科学選書〕

横田英嗣 編

1960年にルビー・レーザーとヘリウム‐ネオンガス・レーザーの発振が成功して以来，新しい光の世界を人工的に創り出すことができるようになった．レーザー応用技術の中でも視覚に係わる領域を取り上げて美しい光の世界を散策．

B6判　定価1680円

ブラックホールは宇宙を滅ぼすか？
知りたかった天文・宇宙101の疑問

メラニー・メルトン 著　中村浩美 訳

誰もがこどものころに夜空を見上げて抱いた星と宇宙に関する素朴な101の質問に，天文学者である筆者が優しく答える．しかし本質は天文学の重要な中核を成すものが多い．小中学生はもとより，大人の教養書としても役立つ．

A5変判　定価1470円

スター・ウォチング
〔フィールド図鑑別冊〕

林完次 著

見つけかたのポイントを星座ごとに示した入門書．12ヵ月の全天星図をカラーイラストで分かりやすく表現する．空の星と地上の風景を同時に捉えた迫力ある写真を多数収録．初心者にもできる撮影テクニックを満載したハンドブック．

B6スリム判　定価2100円

宇宙から見た日本
地球観測衛星の魅力

新井田秀一 著

2006年度に神奈川県立生命の星・地球博物館で開かれた企画展「パノラマにっぽん—地球観測衛星の魅力」の写真集．何回も見たことある風景のはずなのに，日本列島に関して新たなる発見と驚きを感じる一冊．

A4横判　定価1050円

宇宙百景
写真で見る神秘の宇宙
〔東海科学選書〕

宮本正太郎 著

神秘のベールに包まれていた天体は，次第にその素顔を現してきた．宇宙探査機などがとらえた写真152枚を駆使し，太陽系とその周辺の名称をガイド．地球を旅立ち，あばた面の月や水星，美しい環をもつ土星などを旅する．

B6判　定価1260円

地球学入門
惑星地球と大気・海洋のシステム

酒井治孝 著

プレートテクトニクス，火山，地震，エルニーニョとモンスーンなど，地球に関する様々な現象から宇宙までの地球科学に関する情報をまとめている．地球を探り，地球の謎を解く，地球学のすすめ．

A5判　定価2940円

乱流入門
H. テネケス・J. L. ラムレイ 著
藤原仁志・荒川忠一 訳

航空宇宙・海洋・気象・機械・物理・土木などあらゆる産業分野ででてくる流体力学のなかでも，とくに「乱流」にしぼった解説書．初学者には取り扱いにくい分野を丁寧に解説している．原著は海外の大学で広く採用されている名著．

A5判　定価3990円

星の位置と運動
〔新版地学教育講座〕—⑪
地学団体研究会 責任編集

大金要治郎 著

天球とその回転／天球座標／地球の運動／太陽と月の動き／惑星その他の運動／時刻と暦

A5判　定価2625円

太陽系と惑星
〔新版地学教育講座〕—⑫
地学団体研究会 責任編集

小森長生 著

われわれの太陽系／太陽系の誕生／隕石が語る太陽系の歴史／惑星の世界／太陽系の小天体／太陽と惑星間空間／太陽系・生命・人類

A5判　定価2625円

宇宙・銀河・星
〔新版地学教育講座〕—⑬
地学団体研究会 責任編集

奥村幸子・黒田武彦・高原まり子・森本雅樹 著

宇宙をさぐる眼／宇宙の誕生と進化／銀河の形成／われわれの銀河系／星の誕生と進化／星の最後／現代宇宙論の課題

A5判　定価2625円

大気とその運動
〔新版地学教育講座〕—⑭
地学団体研究会 責任編集

丸山健人・水野量・村松照男 著

地球大気の生い立ち／雲のでき方と降水のしくみ／高気圧・低気圧と天気／台風／大気の局地的な運動／大気の運動／異常気象と気候変動

A5判　定価2625円

※価格は税込(5%)